欲望心理学

一眼识破身边人的读心术

牧之◎著

黑龙江教育出版社

U0852241

图书在版编目（CIP）数据

欲望心理学 / 牧之著. — 哈尔滨：黑龙江教育出版社，2017.3
（读美文库）
ISBN 978-7-5316-9148-8

Ⅰ. ①欲… Ⅱ. ①牧… Ⅲ. ①欲望－通俗读物 Ⅳ. ①B848.4-49

中国版本图书馆CIP数据核字(2017)第048492号

欲望心理学
Yuwang Xinli Xue
牧 之 著

责任编辑 付 旭
封面设计 久品轩 13651259399 xyb001@126.com
责任校对 唐彦伟
出版发行 黑龙江教育出版社
（哈尔滨市南岗区花园街158号）
印　　刷 廊坊市华北石油华星印务有限公司
开　　本 880毫米×1230毫米 1/32
印　　张 7
字　　数 140千
版　　次 2017年7月第1版
印　　次 2017年7月第1次印刷

书　　号 ISBN 978-7-5316-9148-8　　**定　　价** 26.80元

黑龙江教育出版社网址：www.hljep.com.cn
如需订购图书，请与我社发行中心联系。联系电话：0451-82533097 82534665
如有印装质量问题，影响阅读，请与我公司联系调换。联系电话：010-64926437
如发现盗版图书，请向我社举报。举报电话：0451-82533087

前言
Preface

生而为人，谁没有点欲望？“七情六欲”，说的就是人天生有着各种各样的欲望。人类从出生起就脱离不了欲望：吃饭即食欲，睡觉即睡欲，爱慕美貌即色欲，男欢女爱即性欲，追求名誉即名欲，追逐功利即利欲，崇尚权力即权欲，贪图财富即物欲……

欲望是指人们在本性的驱使下，对实现某种目的的渴求，是人们最原始、最基本的一种本能，是构成人类行为的最基本、最内在的动力。欲望源于人的生理，牵动着人的心理，刺激着人的神经与感官的需求。

西方心理学大师弗洛伊德说：“人类是充满欲望并受欲望驱使的动物。”另一位哲学家叔本华也说：“生命是一团欲望，欲望得不到满足，人就会痛苦。”欲望是人的本性，是理想的源泉，是人生活的方向，是社会发展的动力。但是千万别忘了，欲望是把双刃剑，一半是天使，一半是恶魔，是划分善恶的起点。

印度20世纪伟大的心灵导师克里希那穆提认为：“对欲望不理解，人就永远不能从桎梏和恐惧中解脱出来。如果你摧毁了你的欲望，可能你也摧毁了你的生活。如果你扭曲它，压制它，你摧毁的可能是非凡之美。”认知欲望，了解欲望，克服欲望，驾驭欲望，是获得心灵自由、生活幸福、人生成功的必修课。

心有所想，即有所欲。人有所欲，即有所为。我们的一举一动，都受着欲望的控制；我们的一欲一念，都透露着内心的动机。欲望是心理的反射镜，心理是欲望的遥控器。透过欲望可以探视人心，进而揭开人心深处隐藏的秘密。

欲望与心理有着怎样的联系？不同的欲望又体现着怎样的心理？心理又是如何操纵着欲望，并指导我们的行为？

《欲望心理学》为你看清人们的欲望、了解人们的内心打开了一扇窗。书中针对当代人的生活现状和思想状况，以心理学为解剖主刀，辅以社会学、医学、人际学、情感学、经济学等解剖工具，层层剥笋、细腻入微地解析了人们各种欲望的内在本质，以及隐藏在欲望背后的心理需求和动机，帮助你弄清楚各种欲望的来龙去脉，以及欲望是如何给人带来痛苦和烦恼的。不仅如此，书中还提供了克制欲望、驾驭欲望的有效途径，给你战胜欲望之魔的利器，让欲望真正为己所用，去创造自己渴望的幸福和成功。

正如英国哲学家罗素所说：“如果你想知道一个人会做什么，你不仅要大致了解他所处的物质环境，更要清楚他整个的欲望和想法，以及它们的强弱对比。”没有不能看透的人，只有你没能看清的欲望。看清了欲望，就看清了人心，就看透了人性。

洞穿欲望面具，让每个人的心理一览无余，看人看到心坎上！

撩开人性面纱，让每个人的行为无可遁形，识人识到骨子里！

目录
Contents

第五章 尊重欲望——认同感就是存在感

第六章 名位欲望——只想扮演大角色

第七章 爱情欲望——情深深，欲蒙蒙

第八章 完美欲望——完美，完美，再完美

第一章

欲望在左，疯狂在右

为什么说欲望是天使也是魔鬼

“人之初，性本欲”，欲望是人类与生俱来的一种本能。每一个人都有自己的欲望，而欲望随着人们的年龄、经历的不同还会发生变化。

心理学家认为，欲望不仅可以促使人的进步，还可以促使整个社会向前发展。正是因为有了想要成功的欲望，所以才能促使人为了达到目标或者得到自己想到的东西而努力。此时，欲望因为能够促使人以及社会不断发展就是天使。然而，人若是任由自己的欲望肆意发展，任其不断膨胀，不加控制，或者是为了满足自己的私欲而不择手段，那么，欲望就变成了魔鬼。

因为欲壑难填，人的欲望是没有穷尽的，倘若人任由自己的欲望肆意发展，很有可能会为了达到自己的目的而肆意妄为，从而造成难以弥补的后果。

查尔斯·庞兹是意大利的一个没落贵族，在母亲的影响下，他一直梦想着自己有一天能够赚取大量的财富，以重振家族的雄风。1903年，查尔斯·庞兹怀揣着200美元，只身来到美国，寻找致富机会。最初的时候，和其他移民一样，查尔斯·庞兹在社会的底层苦苦打拼，做过很多种辛苦的工作。比如，杂货店的伙计、刷盘子的小工、油漆工、大街上的推销员等。然而，尽管如此，查尔斯·庞兹并没有积累下多少财富，而在最潦倒的时候，查尔斯·庞兹甚至因为没有钱付房租而在公园里睡觉。

随着欲望的膨胀，查尔斯·庞兹想赚取金钱的欲望越来越强烈，然而，窘迫的现实却让他“想赚大钱”的梦想碰了壁。于是，他决定铤而走险，开始伪造货币、贩卖人口，结果因此而面临牢狱之灾。

对于查尔斯·庞兹来说，是对金钱膨胀的欲望致使他铤而走险的。此时的欲望无疑是魔鬼，因为它促使查尔斯·庞兹走上犯罪的道路。

毋庸置疑，欲望对于人来说既是天使，又是魔鬼。如果人一味地被心底的欲望所俘虏，甚至为了满足自己的欲望而采取非法手段，那么此时的欲望就成了魔鬼；如果人对于心底的欲望始终保持一丝警惕，不被欲望所控制，那么此时的欲望就能促使人不断地为了目标而努力，可以说此时的欲望对于人来说就是天使。所以说，人要恰到好处地运用自己心底的欲望，对于欲望始终保持一丝警惕，这样才能发挥欲望的正面能量，让欲望变成天使，促使人走上成功之路，过上更美的生活。

为什么东西越稀缺，人们越想得到

20世纪40年代，美国全录公司生产出一种新式影印机——“全录91型”。全录公司的创始人威尔逊获得了生产这种影印机的专利权。第一批新式影印机出厂时，威尔逊将售价定为29500美元，然而，当时全录公司的成本才仅仅为2400美元。也就是说，威尔逊的定价比成本高出十倍多。

公司里了解内情的员工们对威尔逊的行为非常不解，他们纷纷跑来问威尔逊：“你是想成为暴发户吗？”

“那是当然！傻瓜才不想成为暴发户！”

“你真是想暴利想疯了！你想想看，你定的价格这样高，根本不会有人来买，而卖不出去，连一分钱都收不回来，还怎么获得利润呢？”

“大家请放心，我有我的想法，请大家相信我，咱们的影印机一定会赚钱的。”面对员工们的焦虑和质疑，威尔逊一本正经地做出保证。

“那……”

“不好意思，我打断一下。我知道这样高的价格可能一台影印机也卖不出去，我还知道，我把定价定得这么高，已经超出了现行法律允许的范围。相信不久之后，咱们的这项宝贝就会被禁止出售。”

“那可怎么办啊，那样即便有和你一样疯狂的人愿意买我们的影印机，你无法获得法律的许可，仍然不能将影印机卖给他啊。除非你有什么法宝能得到法律的许可。”

“我没有什么法宝。即便有法宝，我也不会使用的。让法律不允许出售，这就是我要的效果，即便法律允许我以这样的价格出售影印机，我也不会卖的。只要法律对我们的影印机禁售令一出，咱们就可以大把大把赚钱了。”

“什么？都被禁止销售了，还赚什么钱啊？”员工们一头雾水。

“的确如此。我的本意不是出售影印机机体，我卖的是服务，通过出售影印机的服务，来赚取相应的利润。”威尔逊解释道。

事情果然如威尔逊所料，过了没多久，全录公司就接到了这种新型影印机因价格过高禁止出售的通知。不过，在展览期间，威尔逊已经使人们充分了解到这种新型影印机的独特性能，因此，他和他的影印机引来了人们的热切关注，而且很多人都渴望能够买到这样一台奇特的机器。而由于威尔逊取得了这种新型影印机的生产专利权，所以人们只能在他的店里找到这种机器。威尔逊见时机成熟，便将这种新型影印机以出租服务的形势重新推出，很快，他就迎来了成千上万慕名而来的顾客。

虽然威尔逊定出的出租价格也不低，但由于受到此前过高售价的潜意识的影响，顾客们还是认为这个价格完全值得。没多少时间，威尔逊就靠着出租影印机赚取到了巨额利润。

威尔逊的策略，其实是利用到了人们普遍存在的“物以稀为贵”心理，认为越稀缺的东西越具有价值。物以稀为贵其实是越得不到越渴望的心理表现。越得不到，人们就会觉得越想得到，就越觉得有得到这件物品的重要性和必要性，而在这种心理的驱使下，他们往往不计代价，即便花费天价购买到了这件物品，仍然会认为是值得的。

心理分析专家指出，在人类进化的过程中，经常会遇到物资短缺的情况，而人类天生就具有占有欲，因此，越是稀缺的物质，就越是容易引起人们对其占有的欲望，致使这样的物质的价值得以提升。事实上，几乎所有人都会在某种程度上受到物以稀为贵心理的影响，比如收藏家们，对棒球卡、古董或者其他稀奇古怪物品的收藏，就源于这种心理。也正是因为有这种心理现象的存在，当一样东西已经很稀少或者出现稀少的趋势时，它的价值就会很高或者价格正在升高。

物以稀为贵，是因为东西越稀缺，人们就越想得到，这种逐渐膨胀的占有欲会让人们忘掉东西的真正价值，会让人们夸大了拥有这种东西对自己的重要性和必要性，从心底抬高这种物品的价值，认为这种东西值得拥有，因此，即便是高价，人们也总希望能够得到这种东西。而有些商家也正是抓住了人们的这种心理，往往在销售过程中人为制造稀缺之势，刺激人们的购买欲。

为什么限量购买会引发抢购潮

心理专家认为，人的行为受着欲望的支配。而人的占有欲，一旦受到外界的刺激，就会无限膨胀。

一位美国商人在纽约郊区开了一家服装厂，他苦心经营了一段时间，却销售业绩惨淡。看着积压的商品，美国商人心急如焚，经过连日的思考，他终于想到一个可以解决积压商品的方法。

这位商人在纽约市中心的繁华街区开设了第二家商店，并在很多知名媒体上做了广告。商人通过广告表示，商品标出价格的前十二天，会按照原价销售，从第十三天到第十八天，将按照原价的75%进行销售，第十九天到第二十四天，价格变为原来的50%；第二十五至三十天让利幅度达到75%，而到了第三十一天至第三十六天，如果商店还有剩余服装没有卖出，他会将所有剩余服装无偿捐献给慈善机构。

这条广告一经发布，立即在街头巷尾引起议论高潮。几乎每个人都产生了到这家商店去看一看的想法，而且很多人还预言，这位商人迟早会倾家荡产——如果所有人都等到商品价格降到最低的时候才出手购买，那这位商人面临的只能是亏本，更为糟糕的情况则是，如果三十天过后仍然没有人过来购买店里的服装，他就必须遵守诺言将所有服装无偿地捐献给慈善机构。那样的话，他遭受的损失当然会更大。

然而，事情远远超出人们的预料，这家商店的服装非常畅销，开业第一天就门庭若市，产生了一个顾客抢购小高潮，不到半个月的时间，该商店的服装就销售一空。商家的做法看似愚蠢，实际却是利用了人们的心理——顾客担心自己失去买到这家商店衣服的机会，于是在有限的时间内争相购买，形成抢购热潮，使商人顺利将所有衣服以最快的速度销售出去。

几年后，这位商人又积压了一款速干衣，聪明的他又想到了一个办法——在店外的巨型海报上标明：“本店出售速干衣，每人限购一件！”这位商人还一本正经地吩咐他的店员说：“没有我的同意，只允许每位顾客购买一件。”很快，巨型海报引来很多路人围观。他们七嘴八舌地议论着：“怎么每人只能买一件啊？”“是不是要涨价了？”……

不到一天的时间，以前无人问津的速干衣变成了抢手货。为了能买到一件速干衣，很多人不顾炎热等候在排成长龙的队伍中。与此同时，还有一批人通过店员或者其他关系找上门来，他们纷纷十几二十几件地进行预订。短短七天时间，积压在仓库的大批速干衣就全部到了纽约顾客的手中。

从表面上，这位商人两次运用了不同的销售手段，而实际上，商人运用的是同一原理，那就是人们对于得不到的东西，会更渴望得到，而从消费角度而言，就是对于越不容易买到的商品，就越能产生购买的欲望。日常生活中，商家推出的限量版和珍藏版产品，很大程度上就是利用人们的这一心理来销售产品。他们会告诉顾客某种商品数量有限，或者采取限期让利的方式，对某种优惠产品从时间上进行限制。顾客在得知这些信息后，在担心得不到限量版和珍藏版产品或者享受不到优惠心理的驱使下，就会迅速做出购买决定。

显然，这些商家都是通过在人们心中制造货品有限、机会非常难得的现象，从而使人们产生如果不及时出手抢购，就会错过这次机会的想法。失去某种东西的想法，在人们决策过程中起着非常重要的作用。害怕失去心理，比希望得到同等价值东西的心理产生的激励作用要大很多。因为害怕失去，人们会更加珍惜和珍视这种东西，这种态度也无形中抬高了这种东西的价值。在这种心理影响下，人们往往会缩短做出决策的时间，迅速采取行动，确保自己不会失去某样东西。而商家利用消费者这样一种心理，不但可以顺利在短时间内迅速将产品销售一空，而且容易将产品卖个与预期相近的好价钱。

人的欲望中有一种是想要的欲望，还有一种是不想要的欲望。如果他不想要，你越是给他，他越是逃避。而他想要的东西，你越是不给，他就越是想要。限量购买，从某种意义上来说，是对顾客购买的一种限制，而这恰恰激起了顾客偏想要的心理。

为什么孩子难以抵抗棉花糖的诱惑

一位幼儿园老师发给每位小朋友一颗棉花糖，他告诉孩子们：“现在，每个小朋友的手里都有一颗棉花糖。如果有哪位小朋友选择现在就吃掉自己手中的棉花糖，那么吃完后，你的手里就什么都没有了。但如果二十分钟以后再吃掉它，那么，我会再奖励他一颗棉花糖。”

老师的话还没说完，就已经有好几个小朋友迫不及待地将棉花糖放进嘴里了。这些小朋友年龄还小，而棉花糖对他们的诱惑又实在太大，所以对他们而言，想要拒绝这种诱惑，确实是一件不容易的事情。虽然有些小朋友决定要忍二十分钟，但显然，忍耐并不是他们擅长的事情——看得出来，他们忍耐得相当辛苦，决定忍耐的小朋友大都眼睛眨都不眨地盯着棉花糖，吞咽着口水。时间马上就要到二十分钟了，这时候，坚持忍耐的一个小朋友终于忍不住将棉花糖塞到了嘴里。他的这一举动，立即引起其他尚未将糖放入口中的孩子的跟随，就这样，在这个小朋友的带动下，大部分坚持忍耐的小朋友都没有成功抗住棉花糖的诱惑，当然，他们同时也丧失了得到另外一颗棉花糖的机会。

但还有少数的小朋友选择了坚持到底，他们中有些暗暗告诉自己，棉花糖或许没有看起来那么好吃，以此打消自己对棉花糖的关注；有些则从一开始就将棉花糖放在一边，一心一意地做其他的事情（在整个过程中，他们心无旁骛，既不关注其他小朋友的举动，也不关心时间过去了多久）。二十分钟后，老师如约奖励了坚持到最后的几位小朋友每人一颗棉花糖。这个时候，其他的小朋友早就消灭掉了自己手中的棉花糖，他们只好眼巴巴地看着这几位得到奖励的小朋友一口气吃下两颗棉花糖。

多年以后，有人对当年那几个坚持到底的孩子做了跟踪调查，发现长大后的他们都事业有成，成就突出，不是成为企业高管，就是创业成了老板。而究其原因，就是他们能够比其他人更能克制自己的欲望，更能够抵制诱惑。在他们遇到困难的时候，选择的不是轻而易举地放弃而是坚持到底。

相对而言，那些经受不住诱惑，没有坚持忍耐到底或者在老师话都没说完就将棉花糖吃掉的孩子过得却并不是很顺利。

在遇到事情的时候，他们总是犹犹豫豫，难以作出决断。像不能忍耐二十分钟再赢得一颗棉花糖那样，他们也不能忍受那些没有实现的愿望，因此，他们一再更改自己的既定目标，企图通过这样的方式来获得短暂的满足感。与坚持忍耐到底的人相比，他们的婚姻、工作以及健康状况等都不尽如人意。

从生存消费到消费奴役

人的欲望最初只是建立在生存的基础上，但是，随着需求不断得到满足后，外在因素的刺激又诱发了人们更多的欲望。

美国著名心理学家杜保尔认为，生存消费是一个人活着的本能欲望。这一点本是无可厚非的，因为人类为了生存必须满足其基本的消费，也就是维持生命生存所必须的消费。但是在现代社会，由于经济的高速发展，随着大消费时代的到来，人类的很多消费都已经远远超越了这一底线，并且在促进消费繁荣经济的背景下，在很多消费行为上，商家都设置了许多的消费陷阱，并且这些消费陷阱都无一例外地是从如何引发消费者内心的欲望开始的。因为聪明的商家明白一个道理：只有将消费者内心的欲望诱发出来，他们才能够不计后果地做出不理智的消费行为。

对于消费者而言，他们之所以能够落入商家的一个个美丽的消费陷阱，固然无良商家对其产品或是服务肆意夸大的误导是主要因素，但是如果站在消费者自身的角度来看，主要还在于消费者自身的欲望使然。

奥斯顿是一家科技公司的工程师，以他的收入而言，在其所在的城市买一套房子至少也要二十年。后来他无意间在一次朋友聚会上认识了一位叫阮姬的女孩，一下子被对方美丽的容颜与不凡的谈吐打动了。通过朋友的介绍后，他正式和阮姬开始了交往，不久俩人就确定了情侣关系。

奥斯顿拿出了自己工作几年的积蓄付了首付，在那个城市买了一套三室一厅的房子。将房子装修之后，两个人很快结婚了。按说，他们一家两口的日子应该很幸福，阮姬做的是平面设计，工资待遇也都不错，两个人除了每月的生活花销外，付房子的月供并没有问题。

然而看起来很幸福的生活，却被突如其来的一件事给破坏了，那就是奥斯顿想要个儿子。

事情是这样的，阮姬有了身孕后，就辞职在家，专事生孩子。此时家里只有奥斯顿一个人的收入，既要养家还要还房子的月供，而奥斯顿一直就有着大手大脚花销的习惯，阮姬在他的伺候下也养成了好吃懒做的习惯，家中的消费捉襟见肘，入不敷出。于是，奥斯顿开始用起了一年前就办好但一直未曾用过的那张信用卡。

最初，奥斯顿只是几百几百地透支，可过了没几个月就开始上千上千地透支了。由于花销一天比一天大，结果到了还款日期奥斯顿却拿不出钱来还，于是只得从其他银行又办了一张信用卡，而为了能够让自己及时把借出的款还上，他随后又办了五六张不同银行的信用卡。在最初的时候，奥斯顿从银行透支出来的只有五六千块，但是过了没多久，他就发现，在他用那六七张信用卡倒来倒去的过程中，手里所透支出来的金额竟然达到了三四万，再后来，这数字仍然在不停地像滚雪球一样滚动着。他那看似不菲的工资也再无力偿还欠款，银行的催款单接二连三地发到了他的单位和家里。最终，在妻子阮姬还没为他生下一男半女之际，他则因无力偿还月供不得不将房子交给了银行，落了个悲惨的结局。

从奥斯顿的境遇看，由于他的花钱欲望十分强烈，最终让自己走上了一条不归路——从一个无论工作还是家庭生活都很幸福的人，变成了一个十足的卡奴，不仅毁了自己，同时也害了他的妻子阮姬，让一个美满幸福的家庭承受了巨大的变故。

当一个人的生存消费得到满足之后，如果不能及时控制住自己对物质的欲望，那么很容易就会由于对物质的占有欲望无限制地膨胀而迷失了自我的心性，从而从正常的本能的生存消费不知不觉间变成被动的消费奴役，无论是像奥斯顿一样的卡奴、房奴，还是那些车奴、婚奴，只不过表现形式上略有不同，实际上都是一种因追求物质而放大内心欲望的具体表现，而他们也都是因内心贪婪的欲望，跳进自己为自己设下的消费陷阱的。

由此而言，只有及时浇灭内心的欲望之火，人们才能让自己的生存消费观念始终站在理性的地平线上。

欲望让人疯狂，更让人灭亡

马丁·弗兰克尔出生于西班牙中部的托莱多地区，他从小就非常聪明，学起东西来特别快。大学中途辍学后，马丁·弗兰克尔对于财富的欲望特别强烈，他投身进入了房地产界，几经折腾，他损失了一大笔资金。

一个偶然的机会，马丁·弗兰克尔看到了美国历史上一个著名的金融诈骗犯罗伯特·韦斯科的报道，而且他被罗伯特·韦斯科诈骗了2.24亿美元，然后逃离美国的事例震惊了。在震惊的同时，他还对罗伯特·韦斯科能够拥有2.24亿美元羡慕不已。他迫切地渴望自己也能拥有这么多的金钱，于是在对金钱的强烈欲望下，他开始踏入证券市场。

他在一家证券公司工作了一段时间，了解了证券公司的工作流程之后，决定自立门户。于是，他独自在证券行业闯荡。为了避免投资者产生怀疑，他还偷偷地盗用了别人的社会保险账号和名字，并用其注册了一个空壳公司，而他就当上了这个空壳公司的董事长。

当注册了这个空壳公司后，马丁·弗兰克尔在广告上面花费了很大一笔资金。他在广告中吹嘘道，他的公司不仅能够保证投资者盈利，而且即使偶有投资失利，他的公司也会给投资者一定的补偿。这则广告真的为他吸引了一部分投资者。

1986年，一名叫道格拉斯·麦斯韦尔的投资者“上钩”了！他和马丁·弗兰克尔成立了一个基金，名字就叫“弗兰克尔基金”。而在这个基金里面，道格拉斯·麦斯韦尔投资5万美元。为了推销自己的投资计划，马丁·弗兰克尔还亲自来到佛罗里达州棕榈滩，帮助道格拉斯·麦斯韦尔劝说他的亲戚和朋友往里面投钱。

在马丁·弗兰克尔的大力宣传下，佛罗里达州棕榈滩地区的人对于他的投资计划以及方案十分热衷，并拿出自己的积蓄交给他，希望他能够使自己的积蓄像滚雪球一样越滚越大，并变成一笔巨款。就这样，马丁·弗兰克尔在很短的时间内便筹到了数百万美元。

拿到这笔钱后，马丁·弗兰克尔并没有像他所说的那样进行投资，而将这笔资金挪到了其他地方。之后，他便宣布“弗兰克尔基金”破产。

1989年，马丁·弗兰克尔将诈骗来的那笔资金开了另外一个公司，而这个公司的名字就是“合伙创业基金”，“合伙创业基金”和马丁·弗兰克尔上一次与人合伙开办的基金公司一样，也是一个空壳子。

在贪求金钱欲望的蛊惑下，马丁·弗兰克尔继续诈骗着这些投资者的金钱，并不断地用诈骗来的资金开一些小的公司，甚至还用这些钱来收购了数家保险公司。就这样，在1998年底，马丁·弗兰克尔旗下的公司的总资产竟然达到了4亿多万美元。巨额的资金让马丁·弗兰克尔欣喜若狂，然而他还没有满足，膨胀的欲望促使着他继续诈骗下去。

不过，狐狸再狡猾也会露出自己的狐狸尾巴。1999年，保险调查员乔治·戴尔发现了马丁·弗兰克尔非法利用资金的事情，而且他顺藤摸瓜地调查下去，发现了马丁·弗兰克尔诈骗的情况，并报了警。马丁·弗兰克尔东躲西藏，最终还是被美国联邦调查局查抓到了，美国联邦法院判处了他近20年的有期徒刑。

从马丁·弗兰克尔诈骗钱财到被捕入狱的过程，可以看出这样一个道理，欲望可以使人变得疯狂，并走向灭亡。

有的人之所以走上歧途，就是因为让欲望发展到了超过客观限度了。当欲望无法通过正常渠道得以满足时，他们就将罪恶的双手伸向了不该伸的地方。这不仅让他们没办法得到极力想要的，还失去了本来拥有的东西，包括自由和幸福。而这一切都源于欲望，过度的欲望导致人性贪婪的难以抑制。

欲望，欲望，何时不再望

提到欲望，人们最常面临的困扰是，自己一直在追求，一直在尝试满足心中的欲望，但心中却一直存在未能满足的欲望。欲望体现了人们的喜好，人们怎样想，就能体现怎样的愿望。

人们的观念有对有错，同样，人们的欲望也有正负之分。正面的欲望是指人们尽全力想要得到或者追求某种东西，或者想要实现某个目标；而负面的欲望，则是人们尽力要避开的东西，是不想面对或者不愿接受的东西。每个人都拥有非常多的欲望，有些欲望强烈到人们不惜一切代价地去追逐，但往往在接触到心心念念想得到的东西或者达成目标的时候，却发现，那种急迫感，那种渴望之情却如潮退一般不复存在。人们不会因为这次欲望的满足而得到长久的幸福感，而始终觉得缺少什么。就这样，人们一次次激发欲望，又在欲望得到满足后产生新的欲望，好像这个世界上从来没有什么能让人们彻底感到满足。

洛克菲勒是美国石油大亨，拥有的财富是普通人的成千上万倍，但他也没有因为自己的巨额财富而感到满足，当有人问他要有多少钱才能够感到满足的时候，他的回答是，总得再多一点。对于一名乞讨者来说，当他身无分文的时候，可能他只想得到一元钱甚至更少，但在得到一元钱的时候，他就开始想有两元钱多好，而有了两元，他会想要五元，十元，一百元……

在上幼儿园的时候，人们可能想要一件一年级以上的同学们穿的校服；上小学后又对这个结果不满意了，而是希望像初中同学一样骑自行车上下学；而上初中后又羡慕高中生；上高中后又羡慕大学生课业轻松……总而言之，人在每个阶段，都会认为自己唯一的欲望，就是心里最想要得到的那个，却不知道一旦得到，又会萌生新的欲望。人们评价自己的生活时，常常会说，别的都好，就只有一样……就算若干年后，人们仍然会是这个评价，尽管当初的问题已经解决，那唯一不满足的一样已经换了一波又一波。

人们就像寓言故事中的驴子，而欲望就是驱使驴子不停往前赶的胡萝卜，人们不断追逐欲望的满足，却怎么也抓不到让人们满足的胡萝卜。如果人们不能够找到欲望之源，不能够找到驱使自己不停前进的“胡萝卜”，就始终难以明白怎样才算是欲望的满足，就只能一直被欲望左右。

活着，是为了生活还是为了欲望

每个人心中都有各种各样的欲望，而人们也正是为了满足他们心中的一个个欲望而活着，并孜孜不倦地追求着。但是从现实中看，由于每个人心中的欲望不同，他们最终的命运也往往有着很大的差异，甚至是成就了他们迥然不同的人生。比如，有的人生下来就不懂得付出，只知道去索取，并且还会振振有词地说："一个人还是婴儿不会讲话的时候，就知道去吮吸母亲的乳头，所以人长大以后，吃一定要吃自己喜欢吃的食物，住也一定要住自己喜欢住的房子。"

在心理学家看来，持这种观点的人所讲的有其一定的道理，因为如果一个人是出于提高生活质量的目标去这样选择的话，也无可厚非，但是如果一个人过于去追求物质上的享乐，那么他实际上也就只满足了自己对生活的基本需求——吃、穿、住、行。而这样的人的生活也注定不会幸福，因为如果一个人活着只是为了去满足自己生活的话，那么他对物质的欲望就永远不会得到满足。

这是因为，假如一个人活着只是想吃好的、喝好的、玩好的，那么他内心的欲望就会随着自己眼前某一欲望的实现而变得越来越强烈，更有甚至会到达人们几乎不敢想像的地步。比如吃，什么才叫好吃的呢？每个人都有其不同的对食物的要求，就以肉为例，人类接触较多的肉类多为：猪肉、牛肉、羊肉、驴肉、兔肉等，如果一个人最初的欲望只是能够天天吃上这些肉的话，一旦这种欲望成为现实之后，那么过上一段日子，这些肉他就会同样吃腻，那么他就会想：还有什么肉好吃呢？动物界的动物很多，仅仅以地上跑的为例，马肉、鹿肉、猫肉呢？等他的这一愿望实现之后同样会再次感到无趣的，那么进而他就会想到：狍子、老虎、豹子、袋鼠等野生动物的肉又会是什么味道……依此类推，即使是这个人的经济条件允许，那么吃到最后自然就会从地上跑的转移到天上飞的禽鸟与水里游的鱼类，可是当这些欲望都一一得到满足了之后，他还能吃什么？这样的人生活着又有何意义可言？

同样的道理，如果是一个人吃的欲望都得到了满足，再转移到喝上，哪怕他是几经周折喝遍了全世界最好的酒，之后呢？再转移到玩上，假如他又玩遍了世界上所有好玩的东西，做遍了世界上所有他心里认为好玩又好乐的事情，最后他还能做什么呢？他还有什么欲望呢？况且，除非是家有万贯之人，否则很难实现这些欲望。因此，如果是普通的人，一心只想着去如何获得生活上的享受，痴迷于物质，那么就会在日常的行为中充满了贪婪的欲念，而一个人如果在平时的行为中对物质始终抱着强烈的欲望，那么他的行为处事就会时时处处表现出一种强烈的占有欲望。在这种欲望的支配下，其人生观与世界观或是价值观都会发生不同程度的扭曲变形，认为人生活着只是为了享受，久而久之，就会发生根本性的从心理上到行为上的改变，只要见到自己喜欢或是自己想要得到的东西，就会生发出一种想要占为己有的欲望和心理，而在这种心理的支配下，为了达到这种占有欲望，满足自我的心理需求，甚至会做出扭曲变形的行为。

如果一个人不能从精神的更高层面去认识生活，理解自我，就无法清楚活着到底是为了什么？因此，尽管物质生活有保障，也无法消减其内心的阴暗面。

第二章

贪婪欲望——心灵的黑洞永远填不满

欲望无限，贪婪无边

从前有座山，山里有一个神奇的洞，里面的宝藏足以使人毕生享用不尽。但是这个山洞一百年才开一次。

有一个人无意中经过那座山时，正巧碰到百年难得的一次洞门大开的机会。他兴奋地进入洞内，发现里面有大堆的金银珠宝。他急忙快速地往袋子里装。由于洞门随时都有可能关上，他必须动作很快，并且要尽快离开。

当他得意洋洋地装了满满一袋珠宝后，神色愉快地走出了洞口，出来后他发现帽子忘在里面了。于是他又冲入洞中，可惜时刻已到，他和山洞一起消失得无影无踪。

故事很简单，却耐人寻味。贪婪的人，被欲望牵引，贪婪无边。在欲望的驱使下忙忙碌碌，不知所终，最终却一无所获。

一位钱币商和一位卖烧饼的小贩，同时被一场洪水困在了一个野外的山岗上。两天后，钱币商身上带的吃的东西都吃光了，只剩下了一口袋钱币。而烧饼贩子则还有一口袋烧饼。

钱币商提出一个建议，要用一个钱币买烧饼贩子一个烧饼。若是在平时，这是再便宜不过的事了，此时烧饼贩子却不同意，认为发财的机会到了，就提出要用一口袋烧饼换一口袋钱币。钱币商同意了。

一天又一天，洪水还是没有退下去。钱币商吃着从烧饼贩子手里买来的烧饼，而烧饼贩子则饿得饥肠辘辘。最后他实在忍不住了，就提出来要用这口袋钱币买回他曾经卖出的而如今数量已不多的烧饼。钱币商没有完全答应他的条件，只允诺他用五个钱币换一个烧饼。

洪水退去后，烧饼全部吃光了，而一袋钱币又回到了钱币商的手中。

钱币商很聪明，也很精明，做人不要贪得无厌，生存就是福。而贪婪的烧饼贩子只看眼前，最后不仅没得到不义之财，偷鸡不成反蚀把米。

人的欲望是没有止境的，如果贪婪成性，欲望成癖，不仅会得不到自己期望的东西，还会连自己原来拥有的东西都会失去。为了让心灵变得轻松，让生活充满快乐，尽早丢掉贪婪的欲望包袱吧！

欲令智昏贪得无厌

因为贪婪，迷失方向的人比比皆是；因为贪图，丧失天良的人也随处可见。贪欲不仅可怕，也是导致许多人失败的原因。

贪婪自私的人往往目光如豆，所以他们只瞧见眼前的利益，看不见身边隐藏的危机，也看不见自己生活的方向。

贪婪是一种病态心理，其病因多是权力、地位、金钱等所引发的。这种病态如果发展下去，就是贪得无厌，其结局是自我毁灭。

托尔斯泰说："欲望越小，人生就越幸福。"这话蕴含着深邃的人生哲理。它是针对"欲望越大，人越贪婪，人生越易致祸"而言的。古往今来，被难填的欲壑所葬送的贪婪者，多得不计其数。

贪欲越多的人，往往生活在日益加剧的痛苦中，一旦欲望无法获得满足，他们便会失去正确的人生目标，陷入对蝇头小利的追逐。

其实，我们每一个人所拥有的财物，无论是房子、车子、票子等，不管是有形的，还是无形的，没有一样是属于你的，那些东西不过是暂时寄托于你，有的让你暂时使用，有的让你暂时保管而已，到了最后，物归何主，都未可知。所以，智者把这些财富统统视为身外之物。

而愚者总是被自己的贪念打败，抗拒不了诱惑而自食恶果。

不去贪图“身外之物”，不但是超越世俗的大智大勇，也是放眼未来的豁达襟怀。谁能做到这一点，谁就会活得轻松，过得自在，遇事想得开，放得下。身上修筑的这个无形的“桃花源”，才会花香四溢，心情才会舒畅，生活才会既多姿多彩又清馨安逸。

我们到底在贪什么

贪婪，是对财、物等的过分需求，这种需求是超越自身需要，超越社会发展水平的，往往以践踏社会规范、侵害他人或者社会利益为代价。贪婪主要有以下几种表现形式：

第一，不择手段地追求财富。

追求财物，是古往今来人皆有之的事情。当今社会，大部分人都能够通过劳动，通过个人不懈努力等正当手段来获取合法收入，从而满足自己在金钱和物质方面的需求。而贪婪者，则唯利是图，无视道德规范，甚至无视法律要求，见利忘义，不惜一切代价来满足自己的物质需要。

第二，难以满足的贪吃欲。

这里的贪吃，指的是利用公款或者他人钱财吃喝的行为。如今，公款吃喝似乎已经成为开展业务、联络感情的重要手段，这种公款吃喝往往花费的是公家的钱。请客吃饭讲究的不是营养，而是排场，吃饭规格一般都比较高，一桌公务酒席在两三千都是司空见惯的事情。

第三，难以填补的权力欲。

有权力欲望的人，为了出人头地，不惜牺牲个人尊严甚至通过诬陷他人等方法，拼命往上爬，或者凭借裙带关系谋得一官半职。为了升官，有些人不惜伪造学历来提高资历，或者花钱修改个人档案，将自己的出生日期改掉，延长工龄等。他们喜欢手中握有权力的感觉，甚至认为这样便可高人一等。没当官的拼命找路子，当上小官的又向往大权，就这样无休止地为了权力而绞尽脑汁。

第四，是欺世盗名的成名欲。

有些所谓的专家，根本就没有真才实学，他们只是凭着一张如簧巧嘴，或者一堆金光灿灿的证书、一叠罗列着各种头衔的名片来欺骗善良百姓。这些所谓大师并没有采用非常高明的骗术，但他们却非常明晰世人的心理弱点，懂得利用人们的虚荣心或者某种迫切需求心理，比如渴求健康，渴望得到财富等心理，来诱导他人上当，通过一些小伎俩使人们信以为真，从而对行骗者大肆吹捧，甚至奉若神明。这种名气往往能在短期内得到迅速积累。

第五，是胆大包天的色欲。

男女之欲是人的本能，但过分追求，则演化为贪色。贪色欲者，轻者骚扰和调戏他人，重则采用严重违背他人意愿以及法律的方式，来满足自己的一时欲望。比如，强占他人，或者为了满足自己的欲望不惜插足他人家庭等等。在色欲方面过于贪婪的人，往往在性心理方面存在严重扭曲或者错误，为了满足个人私欲，无视伦理、道德、法律规范等，采取非法手段侵害他人，特别是妇女的人身权利，除了直接影响到受害人及其家庭，也会妨碍社会管理秩序，给社会造成恶劣影响。

贪婪的表现有很多种形式，但这五种是危害较大、影响较为严重的。贪婪的形成并不是先天因素，主要是由于个人在后天社会环境中没有抵制病态文化的影响，从而形成自私、不满足的贪心欲望，为了满足一己私利而忽视甚至侵犯他人权益。

贪婪的胃口究竟有多大

贪婪，是一种强烈欲望，是对金钱、物质财富或者肉体满足等的过分攫取，这种攫取已经大大超过了自身需求，与自己的力量也极为不相称；贪婪是一种病态心理，具备贪婪心理的人永远没有满足的时候，相反，他们得到的愈多，胃口也就变得越大。古人用“贪冒”“贪墨”和“贪鄙”等贬义词汇来形容那些贪图钱财、欲望过分的行为，老百姓则用“贪官污吏”“蛀虫”“硕鼠”之类的词语来对那些贪得无厌者进行讽刺，可见贪婪有多么不得人心。

贪婪具有无满足性、公开性、侥幸性以及意志薄弱性几个特点。

无满足性是指贪婪无止境，有贪婪病态心理的人在金钱、权力、美食、财产以及女色等多个方面有着非常旺盛的需求，即便所得早已超出自身需求，也一直不满足，一直渴求得到更多。

为了满足一己私欲，有贪婪心理的人往往容易丧失理智，忽略社会道德、法规约束以及舆论谴责等后果，只顾疯狂索求。因此，这种利欲熏心的人的强烈欲求常常是公开进行的。

贪婪行为往往会侵犯他人或者集体乃至国家的利益，对他人带来不良影响和危害，这种行为往往为道德和国法所不容。即便有舆论监督以及法律制度，有贪婪心理的人并不会因此而有所忌惮，他们总认为自己的贪婪不为人知，不会被别人发现，更不会受到法律制裁。有些偶尔侥幸逃脱监督和检查的人，更是肆无忌惮，认为自己手段高明，认为自己的行为神不知鬼不觉，结果一步步走入难以摆脱的万丈深渊。

贪婪者大都意志薄弱，在金钱与物质等各种诱惑面前，他们往往很难控制自己的行为。他们对贪婪的后果也心知肚明，也曾多次下定决心在谋得不义之财后就金盆洗手，再不过分攫取，然而在新的诱惑面前，他们或者犹豫不决，或者干脆将悔恨以及迟疑等情绪抛之脑后，再一次被内心的强烈欲望左右。

消极心理是贪婪滋生的温床

贪婪心理的成因，主要有客观和主观两个方面的原因。客观原因包括社会病态文化不良影响、社会舆论误导以及社会控制不严等三个方面的内容。主观原因则包含错误价值观念、行为强化、攀比心理和补偿心理等因素。

贪婪之心与错误的价值观念有着非常密切的关系。有些人存在极端个人主义，认为社会的存在就是满足自身需求，认为所有财物都应该为自己所用，在这些人的眼中，人活在世界上就是要不断索取，就是要永不满足地追求各种财富。

存在贪婪之心的人，在第一次将贪婪之手伸出的时候，是存在惧怕心理的，他们既担心触犯众怒，又担心被人发现或者抓住。但在第一次得手之后，这种恐惧心理会大为减缓，相应的，他们的胆子却会越来越大，而随着侥幸过关次数的增多，他们的贪婪心理会不断膨胀，他们过分攫取的行为也会不断得到强化。

贪婪之心的产生与人们的攀比心理有关。攀比是人们与周围，特别是与自己身份、地位等与自己相似的人进行比较，通过比较发现自己情况不如其他人，从而令自己陷入思维死角，产生巨大精神压力以及极端自我肯定或者否定的情况，导致虚荣心理和不平衡等情绪产生。正是因为虚荣和心理失衡等原因，人们会为自己感到委屈，由此伸出了贪婪的双手，想通过获取不义之财来找回心理平衡。

贪婪之心还与人们的补偿心理有关。有些人由于家境贫寒，或者曾经经历过一段坎坷，因为担心再次受穷，同时也由于自己遭受了不公平的社会待遇的心理作祟，在地位和身份提高之后，就会滥用手中的权力和其他资源，借此来向社会索取不义之财，来补偿之前所遭受的苦难，补偿以往资金和物质等的不充裕。

无论从客观还是主观原因来看，贪婪都和消极心理有着非常密切的关系，如果心态积极，就会树立积极健康的价值观，就不容易受到外界的消极影响，更不会因为攀比和补偿等心理而使自己心理不平衡，导致自己过于看重和追求物质财富，甚至为此不择手段。换言之，消极心理是滋生贪婪的温床，要想预防贪婪，就要从清除消极心理开始。

贪婪的代价是沉重的

“贪”的本义，是过分喜爱钱财；“婪”的本义，是过分贪恋物质。对钱财和物质的欲求是人的本性，这种欲求本无可厚非，但如果欲望过于强烈，超出了合理范围，什么都想索取，就变成了贪婪，就是贪得无厌。

欲望过度，就是贪婪。一个人如果不能够节制欲望，贪婪成性，任由贪婪发展，就会被贪婪所害。

1956年，俄亥俄州的亚历山大商场丢失了总价值为6万美元的8只金表，在当时，6万美元还是一笔很大的数目，因此这件案子格外引人注意。

就在警方忙着查找线索之际，一位纽约富豪从外地来到案发地点附近批发货物，这位富豪就是罗森，他随身携带了几十万美元的现金。罗森到达酒店之后，首先办理了贵重物品保存手续，将几十万的现金存到了酒店保险柜。待将一切安排妥当之后，罗森就来到酒店咖啡厅吃早餐。

在咖啡厅，罗森听到邻桌的人在谈论金表失窃案，由于他已经通过其他渠道了解到了这一事件，因此也没有过于在意邻桌议论了些什么。

午饭时，罗森又一次听到有人谈论金表的事情，他们还说有人以一万美元的单价买到了两只金表，并以四万美元的价格将两只金表转手，就这样一进一出，这个人就净赚了三万美元。三万美元？有这样美的事情吗？罗森疑惑地向邻桌看去，只见说话者煞有介事，而周围的听者则无不露出艳羡的表情："是真的啊，要是我也能遇上这样的好事就好了。"

晚餐，罗森到咖啡厅吃饭，竟又一次听到了与金表有关的话题，他克制着自己的好奇，用餐后就直接离开了。罗森刚回到自己的房间，房间的电话就响了起来。罗森纳闷地接起电话，听到了这样的话："你想不想买金表？实话告诉你，我对你的底细了如指掌，你是做大事的人，我这些金表在本地根本就无法脱手，要是你有购买金表的意向的话，我们可以约个地方见面。如果你对金表的品质不放心，我允许您拿着金表到附近珠宝店进行鉴定。怎么样，有兴趣吗？"

罗森听了很是心动，他想，如果这笔生意做成了，获得的利润可是比自己其他生意要多很多，而且资金回笼也快得多，只是买进卖出，自己最起码就能赚到几万美元。于是，罗森立即和对方约定了见面时间和地点。见面后双方很快达成协议，罗森以4万美元的价格买到了三只传说中的被盗金表。

第二天，罗森兴冲冲地取出金表，准备找朋友将金表卖掉，但就在取出金表仔细观察的时候，他发现了一些异样，直觉告诉他，金表有问题。于是，他立即将金表拿到他的好朋友，珠宝商奎恩那里进行鉴定。鉴定结果是，三只金表全都是赝品，它们全部的价值连两千美元都不到。这虽然让罗森又气又急，但却只能自认倒霉。

几个月后，罗森第二次到这个地方，他通过电视获知当地警方抓获了一群打着售金表的幌子四处行骗的团伙，当几名诈骗成员被警方押着出现在镜头的时候，罗森一眼认出就是几个月前在咖啡厅宣扬金表的那人。罗森这才明白，原来自己从进入这家酒店就已经成为了这伙骗子的目标，而这些人一整天散布的金表话题，目的就是为了引罗森上钩。

罗森之所以被骗，正是因为他的贪心，如果他在得到对方称手中有金表的消息之后，想的不是占为己有或者说大赚一笔，而是及时将这一线索反馈给侦办金表失窃案的警方，即便不能通过这一线索帮助警方找到盗窃犯，他也能够及时了解到对方信息的真假，不至于为了买三只赝品金表而花费四万美元。

从罗森携带几十万美元去批发货物来看，他掌握的财富要比几只金表的价值多得多，在这种情况下，他却因为想多赚几万美元而不顾道德与法律，最终也因为贪念而被他人的小伎俩蒙骗，给自己带来了一笔不小的损失——贪婪，让罗森付出了四万美元的代价。

贪婪的代价是沉重的。贪婪毁灭了很多人，甚至非常优秀的人。这些人本应该更好地实现自我价值，但由于长久以来对自我心理缺乏理性的审视，使内心充满着各种消极的自私的想法，从而渐渐迷失了自我。

为什么说贪婪是自掘坟墓

托尔斯泰写过这样一个短篇故事：

有一个农夫，每天日出而做，日落而息，辛苦地耕种一小片贫瘠的土地，每天累死累活，但是收入却只是勉强可以糊口。

一位天使可怜农夫的境遇，想帮他的忙，于是天使对农夫说，只要他能不停地往前跑一圈，他跑过的地方就全部归其所有。

于是，农夫兴奋地朝前跑去。跑累了，想停下来休息一会，然而一想到家里的妻子儿女们都需要更多的土地来生活，又拼命地往前跑……

有人告诉他，你到该往回跑的时候了。不然，你就完了。农夫根本听不进去，他只想得到更多的土地，更多的金钱，更多的享受。于是，他不停地跑，竭尽所能……

可是，终因心衰力竭，倒地而亡。生命没有了，土地没有了，一切都没有了，欲望使他失去了一切。

故事发人深省，正如古希腊《伊索寓言》里告诉我们的"贪婪往往是祸患的根源""那些因贪图更大的利益而把手中的东西丢弃的人，是愚蠢的"。

欲望是人前进的动力。可是我们在欲望的驱使下，在前进的同时，也要知道量力而为、适可而止。不然，欲望发展至贪婪成性，就会在欲望中沉沦，迷失方向，走向绝处。

对于我们来说，有些欲望是自然的，另一些欲望则是无益的；在自然的欲望之中，有些是必需的，而另一些纯属自然而已；在必需的欲望之中，有些是幸福之所需，有些是身体安康之所需，而另一些只在维持生计……

苦恼往往或源于恐惧，或源于无益的毫无节制的欲望。然而，倘若一个人能克制欲望，他便为自己赢得了彻悟人生的至福……在种种欲望之中，所有那些即使无法满足也不导致痛苦者，均属不必需之列。而当其所求之目标难以实现或似乎有可能带来危害时，此类欲望随即烟消云散……有些自然的欲望即使无法实现也不带来痛苦之感，人们却求之不舍。

其实，无论是拥有巨额财富，还是荣誉，还是芸芸众生的仰慕，或任何导致无穷欲望的身外之物，都无法了却心灵的烦扰，更不能带来真正的快乐。我们不可悖逆天性，而应顺性而为。懂得适可而止的人，才能怀一颗平常善良之心；才能淡泊名利，对他人宽容；才能对生活不挑剔，不苛求，不怨恨。

世上没有比永不知足的贪婪更大的灾祸了。做人要懂得知足，只有知足，才能经常感到满足，感到满足，精神上就乐观，少有烦恼，这样就身心清静，心旷神怡。

什么都想得到，什么都得不到

贪欲的膨胀，使简单变得复杂，轻松变得沉重，快乐最终也会被淹没。

在阿尔及尔地区的长拜尔有一种猴子，非常喜欢偷食农民的大米。当地的农民根据这些猴子的特性，发明了一种捕捉猴子的巧妙方法。

农民们把一只葫芦型的细颈瓶子固定好，系在大树上，再在瓶子中放入猴子们最爱吃的大米，然后就静候佳音了。

到了晚上，猴子来到树下，见到瓶中有大米十分高兴，就把爪子伸进瓶子去抓大米。这瓶子的妙处就在于猴子的爪子刚刚能够伸进去，等它抓一把大米时，爪子却怎么也拉不出来了。贪婪的猴子绝不可能放下已到手的大米，就这样，它的爪子也就一直抽不出来，它只能死死地守在瓶子旁边。直到第二天早晨，农民把它抓住的时候，它依然不会放开爪子，直到那把米放入嘴中。

人生的大部分痛苦来自于贪婪，来自于欲望的不能满足。拥有欲望是好的，如果放纵自己的欲望，贪得无厌，那么就会成为贪婪的牺牲品，不仅得不到想要的东西，还会失去本该拥有的一切。

农夫在大海边捕到了一条鱼。这是一条漂亮的金鱼。鱼开始用人的声音请求说："放了我吧，老人家，我要满足你的三个愿望。"

农夫非常爱喝酒，他想了想说："那就这么办吧，让大海全都变成酒。"鱼摆了一下尾巴，农夫尝了尝海水，真的变成了酒。

他想了想，提出了第二个愿望让那条流进大海的河也变成酒。

鱼摆了一下尾巴，农夫尝了尝河水，又变成了酒。他开始想第三个愿望了。想了又想，怎么也想不出。农夫气坏了，吐了口唾沫说："再加半公升，你就自由自在地游去吧。"

农夫的愿望看起来是多么的可笑。可是在生活中，我们很多人都是如此贪婪。有钱的人总希望再多些；有权的人总乞求地位再高些；有名的人总渴望名气再大些。欲望是永无止境的，任由欲望发展，就会变得贪婪成性，为贪婪所吞噬。

做人应当节制欲望，遏制贪婪，学会知足，懂得珍惜，这样你的内心才能平静，生活才会快乐。

让贪婪的欲望小些再小些

贪婪是一把指向自己的利剑，它随时可以让一个人倒下。

关于贪婪，有一则寓言值得人们思考。

古时候，在群山环抱中有一小片草原，草原上的草长得细嫩茂密，中间还有一条清澈的小河流淌而过，而在周围群山的遮挡下，草原上的风雨也比其他地方要温和很多。有一天，草原上来了一头健壮威武的牛，它在草原上走了一遭后非常满意，它相信，只要将这片草原据为己有，自己就再也不必东奔西跑地寻找草吃，就可以一辈子无忧无虑地享受生活了。这头牛一边吃着草，一边开心地想着。不知什么时候，一只小绵羊也发现了这片草原，它先是在小河边喝了点水，然后就朝牛吃草的位置走了过来。小绵羊还没来得及张口，牛就发现了它，而且牛气汹汹地瞪着小绵羊说："你这个不知好歹的家伙，竟然来我的草原，快给我滚出去！不然我可不客气了。"小绵羊微微一愣，又接着走向牛，它慢腾腾地来到牛的身边，和气地说道："牛大哥，你好。既然你说这片草原是你的，那一定有什么可以证明吧？"牛心里一惊，自己也是刚到这里，看到草原环境好才想独自占有它，哪有什么证据啊。不过，牛眼珠一转，计上心来，只要随便找个人来说明一下，不就可以将小绵羊唬住了嘛。到时候，整片草原，就是自己的了。于是，牛嚣张地看了小绵羊一眼，说道：“你等着，我去找证人。”

这头牛以最快的速度飞奔到不远的一个小村庄，走进村口的那户人家。牛非常有礼貌地和这家主人说明了事情的经过，并许诺要给这家主人送上一车盖茅草屋的草。看这家主人还在犹豫，牛恳求道：“请您去草原为我作证好吗？只要您能证明那片草原是我的，小绵羊就会离开的，等我得到草原后，一定会给您送来一车草的，让您盖一个全村最漂亮的茅草屋。”这家主人回答道：“好吧，我答应你去向小绵羊证明草原是你的，但你也要答应我一个条件。”牛迫不及待地点点头：“好的，我答应您，只要您能给我作证，您说什么我都能答应。”这家主人继续说道：“我的条件，就是你必须让我牵着你去草原，再由我牵着回来。为了表示你答应我的诚意，我要给你拴上一根绳子……”想到那片美丽富饶的草原，这头牛便心甘情愿地让这家主人在它鼻子上拴上了一根绳子。

主人牵着牛来到了那片草原，草原上除了原来那只小绵羊以外，还来了另外一些小动物。这家主人作证说，这片草原属于这头牛。善良的小绵羊以及其他小动物相信了人和牛的话，于是就离开了这里，临走前还保证说，再也不会来牛的草原来吃草了，让牛不必担心。这头牛如愿以偿地成了这片草原的主人。不过，成为草原主人的牛，并没像它当初预想的那样，每天无忧无虑地在草原生活。因为那个给它作证的人又将它牵回了村子里，他每天拉着牛去耕地，只有在家里没有农活的时候，他才准许牛回到那片美丽的草原吃草，喝水，而且，这个人再也没有解下系在牛鼻子上的绳子……

牛由于欲望膨胀，而想独霸草原，但最终，它却为了满足自己的欲望而出卖了自己的自由，世世代代被人奴役，而当初的小绵羊以及其他小动物，则依旧自由自在地生活着……

现实生活中有很多和这头牛一样的人，因为欲望过多，过于贪婪，而失去了自我和自由，失去了生活中最美好的东西，被财富的欲望、名利的欲望以及其他各种欲望所奴役，再也体会不到幸福和快乐的滋味。

其实，追逐欲望合情合理，但前提是欲望要在合理范围之内，超过这个范围，人只能像牛一样，因为一时的贪欲而承受巨大的痛苦。可以说，源源不断的贪婪欲望，常常是导致人迷失自我、丧志理智、招致祸端的根源。

我们不能够一味对自己的欲望采取纵容的态度，不能贪婪，失去做人最基本的原则和标准。

第三章

虚荣欲望——做梦也要进入上流社会

为什么说中国人死要面子

有人说，“中国人死要面子。”“死要面子”，就是说宁愿死，也不能失了面子。

人的欲望是天生的。不管是人还是其他生命，都是一人不成其众，更不成其世界。但凡是生命，都是一种群体。有群体便有差异与不同，便有攀比和嫉妒的欲望，于是便产生了爱面子、要面子、争面子的虚荣心理。所以，爱面子总是与攀比、嫉妒、虚荣等相伴而生的。

俗话说，“死要面子活受罪”，这话说得一点也不假。生活中，总有一些爱慕虚荣的人为了面子而自己给自己找罪受。有些人越是没钱，越爱装阔，兜里明明没有几个钱了，却仍要请朋友进高档饭馆好好吃一顿；对方明明比自己富裕很多，自己却总是抢着埋单；与人谈天，总要有意无意与别人说一些自己吃过的大餐，去过的高级场所。

仔细想想，要这虚荣有何用呢？只是自己给自己找罪受。满足了虚荣之后，自己却食无米，穿无衣，住无所，行无鞋，困兽一般憋在角落里，何苦呢？由此想到一个比喻：死鸡撑硬脚。鸡虽然死了，可它的脚却还在硬撑着。想想确实有点可笑，死都死了，还硬撑个什么劲儿啊？

究其爱面子的心理，根源就在于渴望富有风光，害怕穷酸困窘，怕别人瞧不起自己，内心忐忑不安。所以当他们面对一件商品时，往往考虑虚荣比考虑价格的时候多，没钱的自卑像魔鬼一样缠得他们犹豫不决，最终屈服于虚荣，勉强买下自己能力所不能及的东西。于是，社会中有了一种怪现象，越穷的人越不喜欢廉价品，越是没有钱的人，就越爱花钱去显示自己。

“树活一张皮，人活一张脸。”面子这个东西，人人都爱。因为，它总是与一个人的人格、自尊、荣誉、威信、影响、体面等联系在一起。然而，人也不能将面子作为一个包袱来背着，这样的生活过于沉重、压抑甚至痛苦。死要面子，吃亏、受罪的总是你。佛说：“我不入地狱，谁入地狱？”我们不是佛，我们是人，都是凡夫俗子，没有必要“死要面子”受那份“地狱”之罪。

很多时候，不要面子，会活得很自在。面子只是一种表面的尊严，过分维护这种尊严，往往是内心脆弱的表现，会丧失自我。要面子是许多人获得简单和快乐的最大障碍。面子其实是一种虚荣，它和道德相比，只不过是一抹浮云和一缕青烟罢了。

现代人为什么爱摆阔气

现代社会，不少青年一踏入社会就花钱如流水，胡乱挥霍，他们似乎从不知道金钱对于自己将来事业和生活的价值。他们胡乱花钱的目的，好像是想让别人夸他一声“阔气”，或是让别人感到他们很有钱。许多年轻人甚至把他们本来应该用于发展他们事业的必备资本，用到雪茄烟、香槟酒、舞厅、戏院等无聊的地方。

在我们的社会中，“浪费”两个字不知使人失去了多少快乐和幸福。浪费的原因不外乎三种：

一是任何物品都讲究时髦，比如服饰、日用品、饮食都要最好的、最流行的。总之，生活的一切方面都愈阔气愈好。

二是不善于自我克制，不管有用没用，想要什么就去买。

三是有了各种各样不必要的嗜好，又缺乏戒除这些嗜好的意志。

总结起来就是一个问题，他们从来没有考虑过要陶冶自己的性情，克制自己的欲望。造成这种追求浮华虚荣的最大原因就是人们习惯于随心所欲、任性为之。

有些人收入不高，但花起钱来可真是大方之极。他们会为了买只有富人才买得起的小古玩和衣服，把所有的钱都花光，但等到想做点事情时却身无分文。

有些人经常向别人夸耀说，他们每月可以赚很多的钱，但拿到之后总是花个精光，他们从来不愿存一分钱。这种人将来到了晚年，一定不会剩下几个钱，他们晚年的景象可能会很凄凉。

挥霍是贫困的根源，节俭是致富的良方。摆阔气，讲排场，铺张浪费，无节制地花钱，手头的钱像流水一样地向外流淌，这样再多的钱也不够花，最终的结局是穷困潦倒，债台高筑。因此，要想改变贫困的境地，就要控制自己的欲望，改变花钱的陋习，养成节俭的习惯。

如果你养成了节俭的习惯，那么就意味着你具有了控制自己欲望的能力，意味着你已开始主宰你自己，意味着你正在培养一些最重要的个人品质，即自力更生、独立自主，以及聪明机智和独创能力。换而言之，就表明了你有追求，你将会是一个卓有成就的人。

人为什么爱打肿脸充胖子

虚荣心，说白了就是一种为了满足自己的荣誉感和获取社会地位的欲望，生活中每个人都或多或少地会产生这种欲望。

虚荣心是当代社会人们所有的一种普遍心理。虚荣心在年轻人中表现得尤其明显，连一些大学生也不例外。

“老同学聚餐150元，请室友吃饭200元，买礼品送给女朋友200多元，给自己新添一个手机1500元……”这是一名大二学生7月额外开销的一笔明细账。如今，大学生的高消费现象越来越严重。调查还了解到：一些大学生月花费近2000元，有的甚至年花费4万元之多。

食品、日常用品在学生的每月支出中已不是大头，所占比例不到一半。一些大学生穿衣要名牌、吃饭要高档；手机、电脑，一个都不能少；生日会、老乡会、欢送会、庆祝会，要参加就得付钱。更加令人震惊的是，如今的大学生情侣，特别是一些男生为了爱一掷千金，导致债务缠身。

“认识四五天就送手机，过情人节送上千元礼物的大有人在。”一位热恋中的女生对记者说，“有很多时候都不是女的非要不可，他买了你不收都不行。都是虚荣心在作怪！”

像这类年轻人（当然不乏成年人），即使包中没几个钱，也要讲派头、摆阔气，说到底就是俗话所说的“打肿脸充胖子”，为自己脸上贴金，满足自己的虚荣心。

如果你表现出来的虚荣超过了实际条件，那也许就成为一种不正常的社会情感和欲望。虚荣心重的人，所欲求的东西，莫过于名不副实的荣誉，所畏惧的东西，莫过于突如其来的羞辱。

有虚荣心的人为了夸大自己的实际能力水平，往往采取夸张、隐匿、欺骗、嫉妒甚至犯罪等反社会的手段来满足自己的虚荣心，其危害于人于己于社会都很大。

虚荣心最大的后遗症之一是促使一个人失去免于恐惧、免于匮乏的自由；因为害怕羞辱，所以不定时地活在恐惧中，经常没有安全感，不满足；而虚荣心强的人，与其说是为了脱颖而出，鹤立鸡群，不如说是自以为出类拔萃，所以不惜玩弄欺骗、诡诈的手段，使虚荣心得到最大的满足。

从近处看，虚荣仿佛是一种聪明；从长远看，虚荣实际是一种愚蠢。虚荣者常有小狡黠，却缺乏大智慧。虚荣的人不一定少机敏，却一定缺远见。虚荣的女人是金钱的俘虏，虚荣的男人是权力的俘虏。太强的虚荣心，使男人变得虚伪，使女人变得堕落。

虚荣心所引起的后遗症，几乎都围绕在周遭的恶行及不当的手段，所以严格来说，每个人的虚荣心应该都是和他的愚蠢等高。

虚荣：欲望催生的怪胎

生于小康之家的大郭工作能力不错，虚荣心很强，在单位没什么人缘。今年春天，大郭辞去了原来的工作，开始了新一轮的求职。由于一般大学的本科学历让他觉得没面子，于是在校园附近花200元买了一个“北京大学”的假文凭，并凭此混进了一家大公司，四处吹嘘他是北大学子。北京大学毕业生还是比较显眼的，大郭过了一阵子春风得意的日子。但很快，公司内部组织的同学聚会就让大郭像白娘子喝了“雄黄酒”——现原形了。从此，大郭在公司里狼狈不堪，被迫在周围同事的暧昧眼光中离开了。

虚荣心是以不适当的虚假方式来满足自己自尊心和提高自己社会声誉的一种心理状态，指一个人借用外在的、表面的或他人的荣光来弥补自己内在的、实质的不足，以赢得别人和社会的注意与尊重，是为了取得荣誉和引起普遍注意而表现出来的一种不正常的浮夸欲望。

在现实生活中很多人有虚荣心，虚荣是一种很复杂的欲望和心理现象。法国哲学家柏格森曾经这样说过：“虚荣心很难说是一种恶行，然而一切恶行都围绕虚荣心而生，都不过是满足虚荣心的手段。”

人为什么会产生虚荣心呢？这与人的欲望有关。人类的欲望有很多种，包括生理欲望、归属和爱的欲望、尊重的欲望、自我实现的欲望等等。一个人的欲望超过了自己的担负能力，就会想通过不适当的手段来达到自尊心的满足，这就产生了虚荣心。

虚荣者的内心其实是空虚的，他们表面的虚荣与内心的空虚总是不断地斗争：没有满足虚荣心之前，因为自己不如他人的现状而痛苦；满足虚荣心之后，又唯恐自己真相败露而受折磨。虚荣者的心灵总是痛苦的，完全不会有幸福可言。虚荣心男女都有，但总的说来，女性的虚荣心比男性强。

虚荣者在虚荣心的驱使下，往往只追求面子上的好看，不顾现实条件，最后造成危害。有时甚至产生犯罪动机，带来非常严重的后果。

虚荣“14症”和虚荣“3宗罪”

虚荣其实是不实事求是，不考虑具体条件，追求虚假的声誉。有人把虚荣心的表现分为14个方面，我们在平时学习和生活中，有没有这种类似的表现呢?

1. 喜欢谈论有名气的亲戚朋友或以同名人交往为荣。

2. 热衷于时髦服装，为西方的流行货倾倒。

3. 行事购物喜摆阔。

4. 不懂装懂，海阔天空。

5. 热衷于追求一鸣惊人的成果。

6. 对名著、影片只求一知半解，夸夸其谈。

7. 好表现自己，尤其想在大庭广众面前露一手。

8. 好掩盖自己。

9. 对表扬沾沾自喜。

10. 对批评耿耿于怀。

11. 表面热情，内心冷淡，讨好别人。

12. 找对象过分追求长相门第。

13. 婚礼讲排场、摆阔气。

14. 讲面子，面子第一。

虚荣心理，其危害是显而易见的。

其一是妨碍道德品质的优化，不自觉地会有自私、虚伪、欺骗等不良行为表现。

其二是盲目自满、固步自封，缺乏自知之明，阻碍进步成长。

其三是导致情感的畸变。

由于虚荣给人的沉重的心理负担，需求多且高，自身条件和现实生活都不可能使虚荣心得到满足，因此，怨天尤人、愤懑压抑等负性情感逐渐滋生、积累，最终导致情感的畸变和人格的变态。严重的虚荣心不仅会影响学习、进步和人际关系，而且对人的心理、生理的正常发育，都会造成极大的危害。

水往低处流，人往高处攀

“东施效颦”的故事想必大家都不陌生，故事中的东施效仿西施皱眉、手按胸口的模样，以为这样自己看起来也会像西施一样美丽动人，结果使得自己本来丑陋的面容更为难看了。

东施的行为，在心理学上叫做模仿。模仿是每个人都有的一种心理机制，是指有意和无意的效仿和再现与其他人类似行为的活动。当我们看到别人有比我们好的条件或东西，我们就倾向于模仿别人。因为“人往高处走，水往低处流”，谁都想变得更好，那么比我们强的人，就成了我们模仿的榜样。

生活中模仿很常见，比如看见别人留长发，自己也留长发；看见别人穿牛仔裤，自己也穿牛仔裤；看见别人家里怎样装修，自己也怎样装修，等等。但是有的模仿因为差距太大，而显得可笑，比如东施对西施的模仿就是如此。

法国剧作家莫里哀曾塑造了一个文学形象——“茹尔丹先生”。这个“茹尔丹先生”是个模仿迷。他得知别人家在举办家庭音乐欣赏会，“那么我家也应该有”，于是赶忙去请音乐教师到家里来。服饰穿戴，茹尔丹也处处向“上等人”看齐，却又模仿得很不得体。大白天，他要穿一件据说是“上等人”才有的睡衣；裁缝给他裁错了衣服，编瞎话哄他，他居然也信以为真了。结果，尽管衣服上的“花朵都是头朝下”的，但他只要听说是模仿而致，就说“那么行啦”，就这样干。

这个形象或许有点夸张，但他之所以成为文学上的经典形象，正是因为它来源于现实生活，非常有代表性。让我们看看周围的“茹尔丹先生”吧。

有的人看到邻居为女儿买了架钢琴，也想为自己的孩子买一架。听说表弟买了一辆新摩托车，觉得自己也应该买一辆。他们觉得：自己凭什么要比别人差呢？别人有的自己也该有。

就连小孩子都学会了攀比。孩子想买个游戏机的时候，他会说：“妈妈，我想买个游戏机，我们班好多同学都买了。”或者，“我班×××浑身上下都是名牌！”这么一说，父母也不忍心让孩子明显比别的孩子差，就忍痛给孩子买东西。

说到底，我们今天的许多消费，没有多少一定是出于物质上的必需，很大程度倒是出于心理上的攀比。手机一定要那么高级的吗？其实许多功能你很少用，问题是要买个新潮的、高级的，不能比同事的那个差。手上戴着个几千元的戒指，有什么实际用途呢，不过是为了给人看，显示自己的“身价”。

看到别人结婚的排场，自己也不甘于落后，根本不考虑量入为出，即使勒紧裤腰带，甚至举债，也要办得大张旗鼓。

有的女孩子，在择偶方面眼光过高，看到同事或同学的老公“身家”多少多少，自己觉得也不能差了。看到几十万的，觉得还有几百万的，要是幸运，找个几千万的才最理想！就这样等下去，结果一晃就错过了适婚年龄。

完全避免攀比也许办不到，但攀比也应该适度。别人的生活是别人的，也许并不像我们想象的那样。当你真正过上了别人的生活，可能也会发现许多不如意之处。所以不要盲目地去模仿别人、与别人攀比，最重要的是了解自己，知道什么能给自己带来最大的幸福。

这山望着那山高，欲望比天高

十八世纪的著名诗人威廉·科贝特在他的《乡间行》中，曾经挖苦地描述新一代资产阶级追求时髦的心态："摆上几把招眼的坐椅和一个沙发，挂起六七幅镶有金框的版画，装满小说的旋转书柜……许许多多的酒瓶酒杯和'一套正餐餐具''一套早餐餐具'以及'甜食刀具'……最糟的是客厅！还有地毯和拉铃！"这种消费攀比的热烈景象和氛围，生活在今天的我们恐怕是再熟悉不过了。

荀子说："人生而有欲。"因为人是一种生命，生命自然有欲。有欲无欲是生命与非生命的分界。欲是生命之所以成为生命的本原。所以说，人的欲望是天生的。但凡是生命，都是一种群体。有群体便有差异与不同，便有攀比和嫉妒的欲，于是便产生虚荣心了。所以说，虚荣心总是与攀比、嫉妒、追求等相伴而生的。

但虚荣心是一种递增的发展事物，好像一只被吹起来的气球一样，总是希望越吹越大。人的虚荣心可以说是无限的，俗话说这山望着那山高，做了皇帝还想成仙。满足了一个愿望，随之又产生了两三个愿望。满足了这个琐细的愿望，很快又新生了那些庞大的愿望。由此可见，虚荣心具有一种强烈的渴求的力量。求而得之，则满足快乐；求而不得，便苦恼愁闷，便寻求新的获得途径，于是陷入无止境的贪求的沼泽。

生与欲密不可分。虚荣心的满足，究其实质应该是有利于生命，有利于生存，有利于进步。但是，对于虚荣心的满足，要适可而止，如果饱而不止，也会导致灾害。

虚荣心强的人喜欢在别人面前炫耀自己昔日的荣耀经历或今日的辉煌业绩，他们或夸夸其谈，肆意吹嘘，或哗众取宠，故弄玄虚，自己办不到的事偏说能办到，自己不懂的事偏要装懂，一切为了提高自己。虚荣心强的人喜欢炫耀有名望、有地位的亲朋好友，希图借助他人的荣光来弥补自己的不足，而对于那些无名无分、地位“卑微”的亲朋则避而不谈，甚至唯恐避之而不及。

因此，对虚荣心这种东西，要正确把握、合理引导和适当应用，千万不能任其发展，殃及他人，祸及社会。对于我们每一个人来说，就是要使自己的虚荣心适可而止，做到顺着大路跑而决不乱来。

你有我也有，你没有我也要有

物质生活中的虚荣，主要表现为一种攀比行为。对于大多数攀比者而言，他们的信条是“你有我也有，你没有我也要有”，以求得周围人的赞赏与羡慕。

社会生活中的虚荣，主要表现为一种自夸炫耀行为，通过吹牛、隐匿等欺骗手段来过分表现自己。例如有的人吹嘘自己是某要人的亲戚、朋友，有的人将自己的某些短处隐匿起来，偷梁换柱，欺世盗名。这些情况已蔓延到生活的各个方面。总之，在真实面上制造一处炫目的“光环”，使你真假难辨，而虚荣者从中得到极大的心理满足。

在虚荣的人眼里，孩子在学校里成绩要比别人好，得到的表扬要比别人多，学校的名气要比别人大，学的专业要比别人好，分的单位要比别人强；爱人在单位里地位要比别人高，工资要比别人多，人缘要比别人好，提升要比别人快，部门要比别人显要，成绩要比别人突出；房子面积要比别人大，装修要比别人豪华，地理位置要比别人理想……这些都是虚荣的表现。

而要实现这些目标，就必须比别人更努力地去奋斗、去苦干。但比较是永无止境的，这件事刚比完，那件事又来了。在没完没了的攀比和较量中，我们会渐渐失去本来可以拥有的闲暇和轻松，心情会越来越紧张和焦躁，感觉越来越累，快乐越来越少。无休止的追逐和竞争，让我们身心疲惫。

这又何必呢？人家有人家的生活，你有你的人生目标，幸福的形式是多种多样的，鞋子合不合脚，只有穿鞋的人自己知道，别人都是毫不知情的旁观者而已。同样的道理，别人的痛苦你感受不到，你看到的别人所谓的幸福极有可能只是一种假象：一个住别墅的商人可能欠债百万，一个开奔驰的企业家可能已经濒临破产，一对手挽手走进饭店的夫妻可能刚刚协议离了婚……所以不要把自己的幸福定位在别人的身上，实实在在地过自己的日子吧。

第四章

嫉妒欲望——看到别人出色就眼红

嫉贤妒能：既生瑜，何生亮

莎士比亚说："您要留心嫉妒啊，那是一个绿眼的妖魔！"嫉妒是与他人比较，发现自己在才能、名誉、地位或境遇等方面不如别人而产生的一种由羞愧、愤怒、怨恨等情绪组成的复杂情感欲望。

嫉妒是人性的弱点之一，是一种比较复杂的欲望和心理。别人天生的身材、容貌和逐日显出来的聪明才智，可以成为嫉妒的对象；其他如荣誉、地位、成就、财产、威望等有关的社会评价，也容易成为一些人嫉妒的对象。

心胸狭隘的人常常因为自己的嫉妒心理心生怒火。

《三国演义》中，诸葛亮才智过人，周瑜心生嫉妒，于是他想方设法除掉诸葛亮。

周瑜和诸葛亮约定，如果周瑜夺取南郡失败，刘备再去夺取南郡。周瑜第一次夺取南郡失利受伤。虽然随后又将计就计，打败了曹兵，但是诸葛亮却乘机夺取了南郡等地。诸葛亮既没有违约，又夺取了地盘，周瑜却很生气。

随后，周瑜又诳骗刘备到东吴，想软禁他，但诸葛亮却让刘备安然地回到了荆州，并且让周瑜中了埋伏，还让士兵讥讽周瑜“周郎妙计安天下，赔了夫人又折兵”。周瑜气得吐血。

最后，周瑜以攻取西川为名借道荆州，想乘机杀了刘备，夺取荆州。谁知又被诸葛亮识破，自己还被戏耍了一番。回到东吴后，周瑜就一病不起，临死前叹了口气说：“既生瑜，何生亮！”连叫数声而亡，死时才只有36岁。

因妒生愤，因愤生恨，因恨而终，周瑜这样一个风流人物死得实在可惜。

一位美国作家说过：“当朋友取得成功的时候，我们心中就有一些东西被摧毁了。”你是否也有过这种感觉？当听到别人成功的消息，会不会变得很脆弱？看到别人春风得意，是不是感觉自己好像失去了什么？当自己的快乐和满足被老同学或老朋友们的好消息冲淡时，是不是觉得自己很失败？

嫉妒别人的才能，诋毁别人的成就，恰恰暴露了自己的自私与无能。嫉妒具有明显的敌意，甚至会产生攻击诋毁行为，不但危害他人，给人际关系造成极大的障碍，还会摧毁自身。

嫉妒，一种扭曲的欲望

嫉妒是一种扭曲的欲望。

有嫉妒欲望的人是变态的。如果每一个人都在痛苦，他就觉得很好；如果每一个人都失败，他就觉得很好；如果每一个人都很快乐、很成功，那个味道就变得很苦。因为嫉妒，我们创造出了地狱；因为嫉妒，我们变得很卑鄙。

有嫉妒欲望的人是可恨的。他们不能容忍别人的快乐与优秀，会用各种手段去破坏别人的幸福。有的挖空心思采用流言蜚语进行中伤；有的采取卑劣手段施于行动。

有嫉妒欲望的人又是可怜的。他们自卑、阴暗，享受不到阳光的美好，体会不了人生的乐趣，生活在他们的黑暗世界里。嫉妒的人是那么的可悲！嫉妒就像“心灵的疾病”会扩散到身体各处，引起躯体上的不良反应，它是摧毁人性和健康的毒药。

嫉妒是一种缺乏自信、深感失落的心理感受，它是邪恶的开端，有着丑陋的本性，犹如用冰凌磨制的冷箭，不敢在阳光下发射；又如用阴谋绑成的棍棒，只能打别人的影子。嫉妒是一种最无能的竞争，是成功的最危险的杀手。

嫉妒总包含着一股不平之气。嫉妒越强烈，这股愤愤难平的情绪也就越强烈。毋怪乎总见有嫉妒者拿着“讨公平”的借口来为自己的恶意作辩护。可把“公平”视为嫉妒的外在借口，却出自于旁观者的逻辑。对于嫉妒者自己，“不公平”简直不是个“借口”，而就是嫉妒者的真实感受。很多时候，嫉妒者自己都无法为这种不平感找到一种合理的解释，但他却仍然很难放弃这种看法，很难除去这种感觉。

嫉妒者心理特征种种

嫉妒的欲望总是与焦虑、恐惧、悲哀、猜疑、羞耻、自咎、消沉、憎恶、敌意、怨恨、报复等消极情绪联系在一起，构成嫉妒的独特情绪。

不同的嫉妒欲望有不同的嫉妒内容，但主要是在四个方面表现得尤为突出，这就是名誉、地位、钱财、爱情。有的还表现为一种综合性的笼统内容，即只要是别人所有的，都在其嫉妒之内。

以下为嫉妒者的具体心理特征：

1. 明显的对抗性

古希腊斯葛多派的哲学家认为："嫉妒是对别人幸运的一种烦恼。"嫉妒心理的对抗特征具有明显的攻击性，其攻击目的在于颠倒被攻击者的形象。甚至本来关系密切，由于嫉妒使道德天平倾斜。嫉妒者往往不看别人的优点、长处，而总是挑剔别人的毛病，甚至不惜颠倒黑白，弄虚作假。

2. 明确的指向性

嫉妒心理的指向性往往产生于同一时代、同一部门的同一水平的人中间，主要是因为嫉妒心理是一种以极端自私为核心的绝对平均主义者。因为曾经“平起平坐”过，或是曾经“不如自己”过，如今成了“能干”者，会使嫉妒者产生抵触和对抗。

3. 不断发展的发泄性

一般说来，除了轻微的嫉妒仅表现为内心的怨恨而不付诸行为外，绝大多数的嫉妒心理都伴随着发泄性行为。主要有三种方式：一种是言语上的冷嘲热讽；一种是行为上的冷淡，疏远被嫉妒者；一种是具体行为，或是攻击性强的行为。

4. 不易察觉的伪装性

由于社会道德的威力，嫉妒心理被大多数人所不齿，使嫉妒心理一般都不愿直接地表露出来，千方百计地伪装，企图使人不易察觉。如本来是嫉妒某人的某一方面，却不敢直言，故意拐弯抹角地从另一方面进行指责或攻击。

“红眼病”，见不得别人好

嫉妒是一种负性情绪和欲望，当一个人的才能、名誉、地位或境遇不如别人，或是被他人超越时，就有可能生产生嫉妒欲。

每个人多少都曾经历过嫉妒别人或被别人所嫉妒。

最近，小雅发现，自己越来越讨厌同屋的小芹了。一年前，小雅和小芹同时从学校毕业，分配到这个单位。她们住在同一个宿舍里，很快就成了形影不离的好朋友。小芹活泼开朗，小雅秀丽迷人，二人都不乏追求者。半年后，小芹有了一个人人羡慕的男朋友，而小雅还是名花无主，这让心高气傲的她心里很不是滋味。慢慢地，小雅觉得自己像一只丑小鸭，而小芹却是那个令人讨厌的美丽公主。小雅总觉得，是小芹抢占了自己的风头，于是经常冷眼以待。前两天，小雅得知与自己资历相当的小芹竟然升职了，更是痛不欲生，她简直不愿意再看到小芹。

嫉妒心理强的人，不能客观地认识自己，角色定位错误，怕别人超过自己，眼红别人的成就，也就是通常人们所说"红眼病"。

嫉妒是心灵的地狱。嫉妒的人总是拿别人的优点来折磨自己。别人年轻他嫉妒，别人长相好他嫉妒，别人身材高他嫉妒，别人风度潇洒他嫉妒，别人有才学他嫉妒，别人富有他嫉妒，别人的妻子漂亮他嫉妒，别人学历高他嫉妒……

嫉妒者心胸狭窄、鼠目寸光，动辄怨恨别人。他们常会哀叹社会的不公平，不停地发牢骚，对别人的失败感到幸灾乐祸。而讲闲话、爱挑剔也是嫉妒者最常用来掩饰嫉妒的方法，特别是谈论他人的缺点或失败的地方，都可以让当事人感到短暂释放的快感。

德国有一句谚语："嫉妒的人会因为邻居的身体发福而越发憔悴。"嫉妒欲几乎人人都有，它是人们普遍存在的病态欲望。从本质上看，嫉妒是一种不健康的心理和欲望。无论是何种形式和内容的嫉妒，都有害于保持正常的人际交往及健全的社会生活。严重的还可能破坏人际关系，影响心理健康，阻碍自己的成长。

"妒火"中烧，伤人又毁己

嫉妒，属于一种复杂的情感欲望，是在看到他人的优秀之处之后产生的羡慕、烦恼和痛苦、敌视等感受，它往往发生在与他人比较的时候。

嫉妒比吝啬更加可怕。因为吝啬者仅仅满足于守住自己的财宝，而嫉妒者却常常仇视别人得到利益，忌恨别人的优点。嫉妒往往和对立、分裂、逃避及攻击等行为密切相关。

凌晨2时许，某市高级中学三年级1班一女生寝室，正在香甜的梦中熟睡的8名女生，突然被一声撕心裂肺的惨叫声惊醒。惨叫声是从门边下铺的张某那里发出的。张某不住地喊痛，漂亮的脸部变成一片黑色，而且正在发泡，越来越恐怖。大家惊呆了：有人故意用硫酸作恶毁容!

医院里，张某那张被硫酸烧灼的面孔令人惨不忍睹。和张某同床的晶晶，左手也被硫酸烧伤，幸运的是，她只是轻微伤。

此案发生后，女生宿舍一片惶恐，因为遭硫酸袭击的床位，其实是晶晶的床位。校方赶紧向公安机关报案。当地公安分局成立专案组进驻该高级中学。3天后，一个女生提供了一条线索。

办案人员立即讯问与晶晶同班的女生马某。马某坦白说：2003年1月20日中午，她花了8元钱，购买了一大瓶硫酸拿回学校。她要找机会将硫酸泼到晶晶耳朵上，让晶晶尝一尝她的厉害。

当晚，马某早早睡下。凌晨2时许，她端起装有硫酸的白瓷杯，径直走到女生寝室门口。凑巧女生寝室的门没锁，她轻轻一推，门开了。当马某走到晶晶的床前时，该寝室里一位女生说起梦话。马某吓了一跳，以为有人看见她了。知道晶晶和张某同睡一床的她心慌意乱，将硫酸往床上一个人的脸上一泼，转身就逃。身后，传来张某痛苦的惨叫，她一听，就知道泼错人了。

马某说：“因为晶晶比较聪明，比我学习好。又要临近考试了，我的压力比较大，决定想办法耽误一下晶晶的学习时间，以免和她的学习成绩相差太远。考虑再三，我选定了泼硫酸这个办法。”

××市中级人民法院审理后认为：被告人马某因嫉妒他人，采用泼硫酸的手段，致一人重伤且造成严重残疾，一人轻微伤。犯罪手段极其残忍，后果特别严重，其行为已构成故意伤害罪。等待马某的将是法律的严惩。

马某正是由于嫉妒晶晶的成功，觉得自己一无是处，痛苦不堪，但嫉妒别人成绩好是会让同学们笑话的，因此只能埋在心头，蓄积久了，慢慢地就有了毁灭性的力量，便会伺机而动，实施攻击。

完全可以这么说：是嫉妒毁了马某。

嫉妒是以多种形式表现出来的一种变态情感欲望。从本质上说，嫉妒是看到与自己有相同目标和志向的人取得成就而产生的一种非正当的不适感。

它是由于羡慕一种较高水平的生活或者是想得到一种较高的地位或者是想获得一种较贵重的东西，但自己又未能得到，而身边的人或站在同等位置的人先得到了，从而产生的一种缺陷心理和扭曲欲望。

嫉妒凶猛，在暗中毁掉你

从心理学角度分析，嫉妒是一种病态欲望和心理。当看到别人在某些方面高于自己时（有时候仅是一种似乎的感觉），便产生一种由羡慕转为恼怒、忌恨的情感状态。

嫉妒的范围是很广的，包括嫉人、嫉事、嫉物。手段也多种多样。有的挖空心思采用流言蜚语进行恶意中伤，有的付诸于手段卑劣的行动。

根据嫉妒发生的速度与强度，可分为两种：一种同激情相联系的嫉妒，称之为“激性嫉妒”。这种嫉妒带有强烈的激情性质，来势凶猛，发展迅速，难于控制。另一种与心境相联系，被称为“心境嫉妒”。该嫉妒缓慢而持续，对人体的影响不如前一种明显，但可改变人的性格。主要表现为郁郁寡欢，忧心忡忡，产生孤独情绪，乃至积忿成疾。

现代精神免疫学研究揭示，脑和人体免疫系统有着密切的联系。嫉妒导致的大脑皮层功能紊乱，可引起人体内免疫系统的胸腺、脾、淋巴腺和骨髓等功能下降，造成人体免疫细胞与免疫球蛋白的生成减少，因而使机体抵抗力大大降低。

对嫉妒的危害，我国的传统医学早就有过论述。《黄帝内经》明确指出：“嫉火中烧，可令人神不守舍，精力耗损，神气涣失，肾气闭塞，郁滞凝结，外邪入侵，精血不足，肾衰阳失，疾病滋生。”

嫉妒是一种破坏性因素，对生活、人生、工作、事业都会产生消极的影响。正如培根所说：“嫉妒这恶魔总是在暗暗地、悄悄地毁掉人间的好东西。”

1. 直接影响人的情绪和积极奋进精神。

2. 容易使人产生偏见。嫉妒，在某种程度上说，是与偏见相伴而生、相伴而长的。嫉妒程度有多大，偏见也就有多大。偏见不仅仅出自于一种无知，还出自于某种程度的人格缺陷。

3. 压制和摧残人才。在现实社会生活中，在对人才评价和使用的过程中，时常受到嫉妒心理的干扰，使得有些人才得不到及时地、合理地使用。有位历史学家曾断言，中国社会自唐代以后开始走下坡路，一个重要的原因就是嫉贤妒能的现象日趋严重。

4. 影响人际关系。荀况曾经说过：“士有妒友，则贤交不亲；君有妒臣，则贤人不至。”嫉妒是人际交往中的心理障碍，它会限制人的交往范围，压抑人的交往热情，甚至能反友为敌。

嫉妒破坏友谊、损害团结，给他人带来损失和痛苦，既贻害自己的心灵又殃及自己的身体健康。因此，必须坚决地、彻底地与嫉妒心理告别。

嫉妒真的是“万恶之源”吗

在嫉妒欲望的驱使下，人们或是想方设法去超越别人，或是通过各种手段去诽谤、损毁别人。

好嫉妒的人往往自大。因为自大，想高人一等，所以就容不下比他强的人。看到周围的人有超过自己之处，要么设法去贬低，要么设置陷阱去坑害对方。

好嫉妒的人必然自私，自私的人必然嫉妒。嫉妒和自私犹如孪生兄弟。法国作家拉罗会弗科就曾说过，“嫉妒是万恶之源，怀有嫉妒心的人不会有丝毫同情”“嫉妒者爱己胜于爱人”。因为嫉妒，他不希望别人比自己优越；因为自私，他总是想剥夺别人的优越。好嫉妒的人从来不为别人说好话。嫉妒的人，因为容不下别人的长处，所以他就通过说别人的坏话来寻求一种心理的满足。好嫉妒的人没有朋友，因为他容不下别人的长处，而每个人也都有自己的长处，所以他就把所有的人视作自己的敌人，以冷漠的目光注视别人。

嫉妒害己又害人。从自身来讲，嫉妒伤身，嫉妒使人把时光用在阻碍和限制别人身上，而不是潜心于自我的开发。就他人而言，嫉妒者的流言、恶语、陷害、阻挠、拆台、造谣等，往往对被嫉妒者造成恶劣的影响。

在中国古代，庞涓嫉妒孙膑、李斯嫉妒韩非子、潘仁美嫉妒杨令公等，都是以害人开始，以害己结束。总而言之，嫉妒不仅折磨患者本人，也危害被嫉妒的人。中国古代有副对联，叫做“欲无后悔须律已，各有前程莫妒人”。希望好嫉妒的人经常诵读此联，不断地反省自已，改善自己的品性。

嫉妒如此可怕，又如此不能割舍，我们不能期待消灭嫉妒，而要把嫉妒的力量转为建设性的行动能源。这样，我们就真正战胜了嫉妒。

诺贝尔文学奖获得者、影响深远的20世纪思想家之一伯特兰·罗素在《快乐哲学》一书中谈到嫉妒时说：“尽管嫉妒是一种罪恶，尽管它的作用可怕，但并非完全是一个恶魔。它的一部分是一种英雄式的痛苦的表现；人们在黑夜里盲目地摸索，也许走向一个更好的归宿，也许只是走向死亡与毁灭。要摆脱这种绝望，寻找康庄大道，文明人必须像他已经扩展了的大脑一样，扩展他的心胸。他必须学会超越自我，在超越自我的过程中，学得像宇宙万物那样逍遥自在。”

其实总的说来，嫉妒的建设性和破坏性参半。我们之所以总是把它和破坏性连在一起，是因为我们所见到的、所听到的关于妒忌的案例都比较极端，令人震惊。然而人类文明发展史中，嫉妒是功不可没的。出于嫉妒，人们奋发图强。过去，我们古老的文化为我们赢得了许多嫉妒的眼光。当嫉妒者悄悄追赶时，我们还在洋洋自得。今天，环顾四周，突然发现我们已经掉队了。为了和世界“接轨”，我们还得哼哧哼哧学英语。我们嫉妒了，于是我们跑步前进。这就是嫉妒的力量。

赶跑嫉妒这条欲望的毒蛇

嫉妒欲，人皆有之，但有轻重之分。在以竞争为主要特征的市场经济中，嫉妒似乎成为一种流行病，成了社会的洪水猛兽。

嫉妒是一种复杂的情绪，它认为别人往前走就是自身的后退，于是敬畏、屈辱、自卑、恼怒之情便纷至沓来，噬咬着人的心。这当然是难以忍受的，怎么办呢？最好的办法是寻出对方的短处来。实在寻不出来时，就想办法造个谣，拼着命把别人拉下来。心胸狭窄之人必然是自己长进了，就不允许别人长进；自己不长进，尤其不允许别人长进。这就是鲁迅先生所说的拖人下水的办法：“我不行，而他和我一样，大家活不成，拉倒大吉。”

有嫉妒心的人，自己不能成就伟大事业，便尽量低估他人的伟大，使之与他本人相齐，或者用怀疑别人动机、诬蔑别人伪善的办法，来剥夺别人可敬佩的成就。于是，因嫉妒而产生的种种心态便表现出来：或消极沉沦，萎靡不振；或咬牙切齿，恼羞成怒；或铤而走险，害人毁己。嫉妒比坟墓更残酷。

诚如莎士比亚所说：“一个生性嫉妒的女子所产生的毒害较疯犬有过之。”遭受嫉妒的一方固然如同陷入地狱里一般备受折磨，嫉妒者本身也同样犹如陷身蚂蚁窝的小虫一样受煎熬。你说，这该有多可怕？

嫉妒者受到的痛苦比其他任何人遭受的痛苦更大，他自己的不幸和别人的幸福都使他痛苦万分。嫉妒对嫉妒者之所害，正如铁锈之为害铁。心胸狭窄者之所以避免不了失败的结局，就在于他们存心不良。不愿别人超过自己倒还罢了，要命的是，当自己倒霉之时，也要别人没好日子过。要达到这样的目的，除了伤人害己，真的别无他途了。

既然嫉妒如毒素，就要转移它，不让嫉妒之火成为心中的绳索。孤傲和自以为是，是进取心的大敌。一滴水成不了海洋，一棵树成不了森林。任何事业的成功都少不了合作，而嫉妒却总是会拆散所有的合作。因而，克服嫉妒，你我就要时刻提醒自己：只有你自己将一事无成。

记住，一旦你有了妒忌心，也就是承认自己不如别人。你要超越别人，首先你得超越自身。

波普曾经说过：“对心胸卑鄙的人来说，他是嫉妒的奴隶；对有学问、有气质的人来说，嫉妒却化为竞争心。”坚信别人的优秀并不妨碍自己的前进，相反，却给自己提供了一个竞争对手，一个榜样，能给你前所未有的动力。事实上，每一个真正埋头沉入自己事业的人，是没有功夫去嫉妒别人的。

千万不要让嫉妒的蛇钻进你的心里，这条蛇会腐蚀人的头脑，毁坏人的心灵。

第五章

尊重欲望——认同感就是存在感

积极的期望点石成金

在心理学上，有一则“皮格马利翁效应”，是指我们对别人的看法，无论是正面的还是负面的，都会对对方产生影响，对方的行为结果也越来越接近这种看法。人们通常这样来形象地说明皮格马利翁效应：“说你行，你就行；说你不行，你就不行。”

这个效应告诉我们，要想使一个人发展得更好，就应该给他传递积极的期望。期望对于人的行为有巨大影响。积极的期望促使人们向好的方向发展，消极的期望则使人向坏的方向发展。这个原理早已在西方的管理科学和教育科学领域中得到了应用。

在现实生活中，我们也经常能看到期望成真的奇迹。那么，这种神奇作用是如何发生的呢？心理学家经过研究认为，这是通过对对方的暗示作用实现的。暗示是指在无对抗条件下，用某种间接的方法对人们的心理和行为产生影响，从而使人们按照一定的方式行为或接受一定的意见、思想。暗示的结果会使一个人发生改变，甚至是很巨大的改变。

在教育领域，皮格马利翁原理也是一个非常有用的理论。西方心理研究人员提供给一个学校一些学生名单，并告诉校方，他们通过一项测试发现，该校有几名天才学生，只不过尚未在学习中表现出来。其实，这是从学生的名单中随意抽取出来的几个人。有趣的是，在学年末的测试中，这些学生的学习成绩的确比其他学生高出很多。研究者认为，这就是由于教师期望的影响。由于教师认为这个学生是天才，因而寄予他更大的期望，在上课时给予他更多的关注，通过各种方式向他传达"你很优秀"的信息，学生感受到教师的关注，因而产生一种激励作用，学习时加倍努力，因而取得了好成绩。

与此相反，对少年儿童犯罪的研究表明，许多孩子成为少年犯的原因之一，就在于不良期望的影响。他们因为在小时候偶尔犯过的错误而被自己、家人或老师贴上了"不良少年"的标签。这种消极的期望引导着孩子们，使他们从心里觉得自己就是"不良少年"，最终走向犯罪的深渊。

发明大王爱迪生上小学仅仅三个月就被开除了，理由是"智力低下"。但爱迪生的母亲坚信自己的孩子绝不会是傻瓜。她经常对爱迪生说："你肯定要比别人聪明，这一点我是坚信不疑的，所以你要坚持自己读书。"并亲自教育爱迪生。爱迪生得到了母亲的鼓励，经过不懈努力，成为伟大的发明家。因此在我们的家庭教育中，父母如果能灵活运用皮格马利翁期待效应，必将收益无穷。

为什么每个人都渴望被赞美

林肯曾经说过："人人都喜欢受人称赞。"威廉·詹姆士也说过："人本质中最殷切的需求：渴望被肯定。"人人都喜欢正面刺激，而不喜欢负面刺激，爱听赞美的话是人类的天性，是人心底深处的一种欲望。

卡耐基讲过这样一个故事：

有一次，我到邮局去寄一封挂号信，人很多，我排着队。我发现那位管挂号的职员对自己的工作已经很不耐烦——称信件、卖邮票、找零钱、写发票，我想：可能是他今天碰到了什么不愉快的事情，也许是年复一年地干着单调重复的工作，早就烦了。因此，我对自己说："我要使这位仁兄喜欢我。显然，要使他喜欢我，我必须说一些令他高兴的话。"所以我就问自己，"他有什么真的值得我欣赏的吗？"稍加用心，我立即就在他身上看到了我非常欣赏的一点。

因此，当他在称我信件的时候，我很热诚地说："我真的很希望有您这种头发。"

他抬起头，有点惊讶，面带微笑。

"嘿，不像以前那么好看了。"他谦虚地回答。

"虽然你的头发失去了一点原有的光泽，但我觉得仍然很好看。"

听了我的话，他高兴极了，对待工作也一下子显得积极起来。

我们愉快地谈了一会儿，我寄完信临走时，他竟兴奋地对我说：

“很多人都称赞过我的头发。”

我敢打赌，这位仁兄当天接下来的工作时间里一定工作得很愉快；我敢打赌，他回家以后，一定会跟他的太太提到这件事；我敢打赌，他一定会对着镜子说：“这的确是一头美丽的头发。”

想到这些，我也非常高兴。

人总是喜欢被赞美的，无论是咿呀学语的孩子，还是白发苍苍的老翁。人在任何时候都有一种被人肯定，被人赞美的强烈欲望。

每一个人都希望受到周围人的称赞，希望自己的价值被真正认可，尤其是希望得到朋友的认可。虽然处在极小的天地里，仍然认为自己是小天地里的重要人物。对于肉麻的奉承、巴结会感到恶心，然而却渴望对方发自内心的赞扬。鉴于此，我们不妨遵守“黄金原则”，“希望朋友对我们如何，我们就对他们如何。”——发自内心地称赞他。

为什么受鼓励的孩子成长快

一个年轻的妈妈带着自己年幼的儿子在门口练习走路。当扶着妈妈的手时，小孩便大胆地往前迈步，可当妈妈把手拿开时，他便站在那儿不敢往前迈步。孩子的妈妈没有去扶他，而是蹲在前面不远处一个劲地说表扬他的话："宝宝真厉害，宝宝一定能走过来……"

过了一会儿，那小孩居然真的在妈妈的鼓励下向前迈出了小腿，晃悠悠地走了几步，然后一下子扑到母亲怀里。

"宝宝真棒。"年轻的母亲又不住地赞美着自己的儿子。孩子"咯咯"地在母亲的怀里笑着。

年轻妈妈的几句赞美的话，竟能鼓起那么小的孩子的勇气，有了妈妈的称赞与鼓励，小孩将走得越来越远。

有个妈妈在厨房洗碗，她听到小孩在后院蹦蹦跳跳玩耍的声音，便对他喊道："你在干吗？"

小孩回答："我要跳到月球上！"

你猜妈妈怎么说？她没有泼冷水，骂他"小孩子不要胡说"或"赶快进来洗干净"之类的话，而是称赞鼓励道："好，不要忘记回来噢！"

这个小孩后来成为第一位登陆月球的人，他就是阿姆斯特朗。

称赞鼓励孩子要适时，不能过早也不能过晚。如果你说，“噢，孩子，昨天晚上你的行为多么高尚啊！”她会回答：“怎么，难道现在我有什么不高尚的行为吗？”当孩子们遇到挫折而灰心丧气的时候，我们应该经常鼓励他们对于没有成功的事情进行尝试。

人的内心深处都渴望得到别人的赞美，爱听赞美是人的一种天性。就我们成年人而言，很少有不爱听赞美的，更何况是那些咿呀学语、蹒跚学步、涉世不深的孩子们呢？

赞美就像滋润孩子心田的雨露，能给他们以养分，促进他们发育和成长。

赞美就像照在孩子心灵上的阳光，能给他们以力量，给他们以动力，催他们奋进。

赞美就像送给孩子的掌声，能给他们以信心，引导他们驾驶自己的人生小舟驶向更远的港湾。

尊重是婚姻的营养剂

托尔斯泰有句名言：“幸福的家庭都是相似的，不幸的家庭各有各的不幸。”

恋家时，男女双方沉浸在幸福中，都把对方看得很完美，只看到对方的优点，而忽视了对方的缺点。步入婚姻围城后，历经生活的沧桑，时间的流逝，双方各自的性格缺点就日渐暴露出来了。于是，争吵、指责不断发生，甚至出现家庭暴力。

读过西方哲学的人，大多知道尼采的一句名言：“你到女人那里去吗？别忘了，带上你的鞭子！”这条给男人世界带来无限风光的鞭子，同时也给无数的妇女和儿童带来一片凄风苦雨。家庭是人们心灵的港湾，情感的驿站，一旦充满了争吵和暴力，港湾将不再宁静，驿站也不再祥和。

争吵和无礼，是侵蚀爱情和婚姻的祸水。当我们对别人彬彬有礼的时候，我们很容易对自己亲近的人无礼。我们绝对不会想到要阻止陌生人说：“哎哟，你又要讲那旧故事了吗？”我们决然不会未经许可而拆朋友的信，或窥探他们私人的秘密。而只有对家中的人，对最亲近的人，我们才敢因为他们的小错而责骂他们。狄克斯曾说：“那是一件惊人的事，但唯一真实地对我们说出刻薄、侮辱、伤感情话的人，都是我们的自家人。”

中国古代在夫妻关系上一直强调婚姻是合两性之好，夫妻间举案齐眉、相敬如宾一直是受到人们称赞的。家庭礼仪是婚姻中的营养剂，它能带来加分的效果。丹姆罗希与他夫人一直过着幸福的生活。“除了慎重选择自己的伴侣外，”丹姆罗希夫人说，“我以为结婚后的礼貌是最重要的。年轻的妻子们对她们的丈夫应该像对刚见面的人一样有礼！无论哪一个男人都要逃避一个泼妇的口舌。”

夫妻之间要经常进行情感沟通，彼此相敬如宾，恩恩爱爱，相依为伴，使家庭成为生活中平静的港湾，在家里能得到鼓励，得到关心，得到欢乐，让家庭生活充满生气，充满绚丽的色彩。要创造良好的家庭氛围，首先就要加强夫妻双方的共同心理修养，做到互敬、互爱、互信、互帮、互慰、互勉、互让、互谅。

做到相敬如宾，就要有宽容的心胸，因为生气只是在惩罚自己，放宽心胸，海纳百川，不仅自己舒服，对方也没有压力。比如说，先生因应酬而太晚下班，不要盯着时钟读秒，气自己，可以趁此时做自己喜欢的事，等先生回来时不要责备，说声“辛苦了”或“你这么辛苦，让我很心疼呢”，这才是相处的秘诀。大凡男人都知道，他可先让妻子快乐然后使她做任何事，并且不需任何报酬。他知道，如果给妻子几句简单的恭维，说她管家如何好，如何能帮自己的忙，她就会特别高兴。每个男人都知道，如果他告诉妻子，她穿着去年的衣服如何美丽、可爱，她就不会再买最时髦的巴黎时装了。每个男人都知道，他可把妻子的眼睛吻得闭起来，直到她就像蝙蝠一样不用视觉；他只要在她唇上热烈地一吻，即可使她哑如牡蛎。

而且每个妻子都知道，丈夫很了解自己对他需要些什么，因为她已经完全向他表白过；她又永远不知道是要对他发怒，还是讨厌他，因为他情愿与自己争吵，情愿浪费钱财为自己买新衣、汽车、珠宝，而不愿为一点儿小事去谄媚，按她所迫切要求的来那样对待她。

既然我们都知道，为什么不努力呢？

为什么人都有倾诉的欲望

人人皆对自己的经历和所做的事情怀着莫大的兴趣，人们最高兴的也莫过于对他人谈论这些事情。说到底，人都有一种向别人倾诉的愿望。

比如，有人做了一个十分有趣的梦，觉得是亲临其境，其乐无穷，结果逢人便说，不厌其烦。有人则喜欢喋喋不休地对人说一些自己以前的经历：上中学时怎样，上大学时怎样，刚参加工作时怎样，后来又怎样……如此等等。

每个人都会做梦，他对别人那种无关大局的梦不会感兴趣；每个人也都有自己的经历，他对别人那种平淡无奇、与己无关的经历也不会关心。这一事实告诉我们，在与人交谈中，要多倾听别人的倾诉，而不要喋喋不休地谈论自己的生活、孩子、事业等。如果我们充满了同情和热忱去听对方津津有味的叙述，一定可给对方较佳的印象。

在候机大厅里，庞克正在专心读书，忽然邻座传来一位老太太的声音："我敢说芝加哥现在一定很冷。"

"大概是吧。"庞克漫不经心地答道。

"我快三年没去过芝加哥了。"老太太说，"我儿子住在那儿。"

"很好。"庞克头也不抬地说。

"我丈夫的遗体就在这飞机上。我们结婚都有五十三年了。你知道，我不开车。他去世时是一位修女开车把我从医院送出来的。我们甚至还不是教徒呢。葬礼的主持人把我送到机场。"老太太有点忧伤地说。

此时，庞克觉得自己刚才不理老太太的行为多么令人讨厌，他终于明白：身边有一个人正在渴求别人倾听她的诉说。她孤注一掷地求助于一个冷冰冰的陌生人，而这个人更感兴趣的是读书。

她所需要的只是一个听众，不要忠告、教诲、金钱、帮助、评价，甚至不需要同情，仅仅是乞求对方花上一两分钟来听她讲话。

庞克不再读书了，而是用心听老太太说话。老太太一直缓缓地讲着，直到他们上了飞机。

这看起来是那么矛盾：在一个拥有发达的通讯设备的社会里，人们却苦于无法交流，无法找到一个听众。老太太在机舱另一边找到了她的座位。当庞克把大衣挂起来的时候，又听见老太太用带着哀愁的音调对着她的邻座说："我敢说芝加哥现在一定很冷。"

庞克在心里祈祷："上帝，但愿有人听她讲。"

人都会有一种倾诉的欲望，期望通过倾诉把自己藏在心中的痛苦、烦恼向别人倾吐出来，希望得到别人的同情、安慰和帮助。如果有人在向你喋喋不休倾诉时，耐心倾听是对他最大的尊重和安慰。

因此，要想多交朋友，要想在交际上取得成功，在交谈中就不要只讲自己、表现自己，而是应该耐心地去听别人说话。这样，无论什么人见到你，都愿意把你当做知心朋友，愿意向你吐露自己的心事，而你也因此给人留下良好的印象。

为什么人们喜欢被倾听

人们都喜欢听自己的声音，希望别人能分享自己的思想、感情以及经验。这是一种十分微妙的自我陶醉的心理、自我尊重的欲望：有人愿意听就感到自己受尊重，有人愿意听就觉得高兴，有人愿意听就觉得感激。

有人说，上帝创造人的时候，为什么只有一张嘴，却有两个耳朵呢？——那是为了让我们少说多听。因为人们都喜欢向别人倾诉，渴望别人听自己说话。

人们往往对自己的事更感兴趣，对自己的问题更关注，更喜欢自我表现。一旦有人专心倾听对方谈论自己时，对方就会感觉自己被尊重。

美国最有影响的人生导师卡耐基曾说："专心听别人讲话的态度，是我们所能给予别人的最大赞美。对朋友、亲人、上司、下属，倾听具有同样的功效。倾听他人谈话的好处之一是别人将以热情和感激来回报你的真诚。"卡耐基明白人性深处都有一种被倾听的欲望，懂得倾听对于人际交往的重要，在实践中也非常注重运用倾听这一沟通技巧。

一次，卡耐基到一个著名植物学家那里做客，整个晚上，那植物学家都津津有味地给卡耐基讲各种千奇百怪的植物。而卡耐基呢？听得也津津有味，目不转睛，像个特别喜欢听故事的孩子，中间只是偶尔忍不住问一两句。没想到，半夜离开时，植物学家紧握着卡耐基的手，特别高兴和满足，对他说："你是我遇到的最好的谈话专家。"

善于倾听，意味着要强迫自己对别人感兴趣，对别人的说话内容足够关心。如果你认为生活像剧院，自己就站在舞台上，而别人只是观众，自己正在将表演的角色发挥得淋漓尽致，而别人也都注视着自己，那你会变得自高自大，以自我为中心，也永远学不会聆听，永远无法了解别人!

从现在开始，对别人多听多看，将他们当做世上独一无二的人对待，你将发现你比以往任何时候都更善于与人沟通。

刘备真的忍心摔阿斗吗

刘备是激励人心的鼻祖。据《三国演义》记载，当阳常阪之战是曹操、刘备两军的一次遭遇战，骁将赵云担当保护刘备家小的重任。由于曹军来势凶猛，刘备虽冲出包围，家小却陷入曹军围困之中。赵云拼死刺杀，七进七出终于寻到刘备之子阿斗。赵云冲破曹军围堵，追上刘备，呈交其子。刘备接子，掷之于地，愠而骂之：为此孺子，几损我一员大将！赵云抱起阿斗连连泣拜：云虽肝脑涂地，不能报也。

刘备成功“燃烧”了赵云。这把火点在赵云的心里，再也没有熄灭过。

某饮料企业有一名销售人员兢兢业业，取得了很好的业绩，年终总经理把他单独叫到办公室，对他说：“由于本年度你工作业绩突出，公司决定奖励你10万元！”业务员非常高兴，谢过总经理后带上门就要离开。

这时，总经理突然叫住他："回来，我问你件事。今年你有几天在公司，陪你妻子多少天？"这个业务员回答说："今年我在家不超过10天。"总经理惊叹之后，拿出了1万元递到业务员手中，对他说："这是奖给你妻子的，感谢她对你工作无怨无悔的支持。"

总经理又问："你儿子多大了，你今年陪他几天？"这名业务员回答说："儿子不到6岁，今年我没好好陪过他。"总经理激动地又从抽屉里拿出1万元钱放在桌子上，说："这是奖给你儿子的，告诉他，他有一个伟大的爸爸。"这个业务员热泪盈眶，千恩万谢之后准备走。

总经理又问他了："今年你和父母见过几次面，尽到当儿子的孝心了吗？"业务员难过地说："一次面也没见过，只是打了几个电话。"总经理感慨地说："我要和你一块去拜见伯父、伯母，感谢他们为公司培养了如此优秀的人才，并代表公司送给他们1万元。"这名业务员这时再也控制不住自己的感情，哽咽着对总经理说："多谢公司对我的奖励，我今后一定会更加努力。"

同样是13万元，如果企业老总直接将钱发给这名销售人员，那效果可想而知。但是用心地稍微下点工夫，起到的效果就非同一般了。员工心想：我能在这样的企业遇到这样体贴、关心自己的好领导，哪能不感恩戴德，在工作上给予企业最大的回报和支持呢?

有时候企业激励员工不是多么困难的事情，只要企业的领导真的为员工着想，真诚地感谢员工，感谢员工的家属，把一份谢意送进员工的心坎，就是最好的激励。

不懂激励，就带不好人

英国女演员和诗人乔吉特·勒布朗说：“人类所有的仁慈、善良、魅力和尽善尽美只属于那些懂得鉴赏它们的人。”任何一个人都希望得到别人的肯定，尤其是上级的认可。

但是，现实工作中有很多员工竭尽全力地把工作做得很出色，却从未得到过哪怕是一声“谢谢”，绝大多数的管理者想当然地认为将事情做得出色是应该完成的工作的一个组成部分。

保罗·莫任在他的管理职业生涯中曾经一度认为应该就是这样的。他解释说：“过去，我常常忽略了对我团队成员的成就（以及我自己的成就）予以表扬，因为我个人对于这方面从来没有重视过，因此，我就往往忘记了对别人的成就给予表扬。相反，我认为他们所取得的成就只不过是他们规定工作中的一部分，而规定的工作是不需要特别认可的。”

但是，当莫任到太平洋贝尔公司工作之后，他对给予他人认可及对成功给予表扬的重要性有了新的认识。他发现，事实上，这对于其他人来讲是蛮重要的，因此，他决定改变自己的领导习惯。为了提醒自己公开认可的重要性，他编制了一张认可他人的优先性列表。每当他的团队取得一个关键成就的时候，他都会亲自走到项目组的每个人面前，和对方握手。他会挑选出几个重要的团队成员，带他们出去吃午饭，他会亲自打电话给每一个团队成员，感谢他们在项目中付出的努力。他会邀请大家共同参加一个小型的办公室聚会，一起享用蛋糕和咖啡。

在实际开始采用这些富有激励性的领导方法之后，很快地，莫任就看到生产率上升了，缺勤率降低了，同事之间正在形成更轻的人际纽带。而且，由于和人一起工作的其他人开始有更大的主动性，他自己的工作变得简单了。更加合作的工作氛围带来了更好的沟通，员工之间的冲突减少了。

美国某大型跨国公司在针对员工流动的调查发现，人们选择离开的最主要的原因就是他们得到了“很有限的表扬和认可”。当问到他们认为他们的管理者应该发展哪项技能以使管理工作更加有效的时候，员工将“对他人的贡献给予认可和感谢的能力”放在了首位。

美国著名的企业管理顾问史密斯指出，每名员工再不显眼的好表现，若能得到领导的认可，都能对他产生激励的作用。身为管理者，要懂得为员工鼓掌，鼓励和奖赏是非常重要的，它能使你的员工感悟到工作的意义，得到尊重感的满足。管理者的鼓励并不要求太多，可以是一句肯定的话、一句真诚的赞美，也可以是一个善意的微笑、一束期待的目光，只要是真正地发自管理者的内心，员工一定会干劲十足。

员工需要精神激励，渴望被认可，当你真诚地表扬和感谢员工的时候，你会发现自己的精神也被鼓舞了，振奋了。而员工则感到受到了欣赏，得到了应该得到的荣誉。

失败者更需要你的肯定

在实际工作中，有些领导往往只看到了那些少数成功的下属，于是，便毫不吝啬地将自己所能想到的溢美之词全部赠送给了他们。但是，对于大多数也曾经辛勤的“失败者”，往往未加以重视，甚至忽略了他们的存在。其实，管理者这样的看法是错误的，那些“失败”或是业绩不突出的员工，更需要你的鼓励和肯定。

古往今来，胜者为王，败者为寇，似乎成了亘古不变的真理。其实，这种所谓的“真理”往往是人们自身铸就的。

成功者，是因为他们付出的汗水和心血比别人多，因此，他们理应得到鲜花和掌声，这也无可非议。

但是，那些失败落魄之人呢？他们一样也曾为了某个目标而艰辛地跋涉着。他们付出的并不比别人少，甚至比成功者还要多。但总是因为这样或那样不可预知的原因，屡屡与成功失之交臂，那么他们的付出，该不该得到回报呢？

1945年9月2日，第二次世界大战即将拉下帷幕，在这一天，最后一个轴心国——日本将要签署投降书。

在太平洋上的美军“密苏里号”战舰上，人们翘首以待，都想目睹这一历史性的时刻。

上午9时，盟军最高司令官道格拉斯·麦克阿瑟将军出现在甲板上，预示着这个令全世界瞩目和激动的伟大时刻到来了。随后，日方代表登上军舰，仪式开始了。

就在麦克阿瑟将军即将代表盟军在投降书上签字时，他却突然停止了。现场数百名的记者和摄影师对此大惑不解。他们谁也不知道麦克阿瑟将军想要干什么。将军转过身，招呼陆军少将乔纳森·温斯特和陆军中校亚瑟·帕西瓦尔，请他们走过来站在自己的身后。

麦克阿瑟将军的这个举动了再次让现场的人们既惊讶又嫉妒。因为那两名军官占据着的是历史镜头前最显要的位置。一般来说，应该属于那些战功显赫的常胜将军才对。而现在，这个巨大的荣誉却分配给了两个在战争初期就当了俘虏的人。

1942年，温斯特在菲律宾，帕西瓦尔在新加坡率部下向日军投降。两人都是刚从战俘营里获释，然后乘飞机匆匆赶来的。

后来，人们明白了麦克阿瑟将军的良苦用心。这两个人都是在率部下苦战之后，因寡不敌众，又无援兵，并且在接受上级旨意的情况下，为了避免更多人的牺牲，才率部下忍辱负重放弃抵抗的。从他们瘦得像两株生病的竹子似的身体和憔悴的面容、恍惚的神情中可以看出，他们在战俘营受尽了精神上和肉体上的残酷折磨。

虽然说战争胜利结束了，但作为败军之将的温斯特和帕西瓦尔同样也是英雄，他们为这场战争的最后胜利同样做出了贡献。

在麦克阿瑟将军的眼里，似乎让他们站在自己身后还不够，他做出了更惊人的举动，他将签署英、日两种文本投降书所用的5支笔其中的2支，分别送给了温斯特和帕西瓦尔。

麦克阿瑟用这种特殊的方式，向两位尽职的失败者表示尊敬和理解；向他们为保全同胞的生命而做出的个人名望的巨大牺牲和所受的苦难表示感谢。

对管理者来说，不能只重视那些圆满完成任务的人。你必须认真对待那些已经尽力甚至作出了巨大牺牲，但出于其他无法克服的原因而未能完成任务的下属。一次失败可能使他们丧失了自信，没了斗志，如果你能适时地鼓励或者表扬一下，让他们明白自己的心血没有白费，他们肯定会重新恢复自信，找回自我。那么，下一次他们很有可能就不再是失败者了，而会是成功者。

伤什么都别伤他人自尊

人是有自尊心的，内心都渴望得到别人的尊重。很多时候，我们无意中的一句话就可能伤了对方的自尊心，使朋友之情完全破裂。

孙涛有个知己叫林羽，林羽是个很出色的年轻人，可就是家境太贫寒，他上大学拿的是助学贷款，平时还要打工赚取生活费，穿的衣服都是破旧过时的，一到周末他每天就只能吃一顿饭……

孙涛跟林羽认识后，十分同情他的处境。正好两人身材相仿，孙涛就常把自己的衣服送给林羽，还拉林羽去自己家吃饭，又往林羽的饭卡里充钱。

对于孙涛为自己所做的一切，林羽非常感激，并表示在自己有能力的时候，一定回报孙涛。

孙涛自然不会期望获得回报，但也为自己拥有如此出色的朋友而感到骄傲。

不过，这一切却都被孙涛脱口而出的一句话给毁了：那天孙涛跟女朋友迟敏闹了矛盾，孙涛便约了林羽和一大群同学去小酒馆喝酒。

喝多了以后，孙涛就开始胡说八道，大骂迟敏脚踏两只船，这时林羽听不下去了，他让孙涛清醒一下，并说他敢担保迟敏绝对不是那样的人，但孙涛酒劲一上来伤人的话就脱口而出："你担保？吃我的用我的，连你身上这套衣服都是我的，你凭什么担保？"顿时小酒馆里静得连掉根针都能听见，林羽脸色惨白地从酒馆走了出去。

第二天，林羽归还了所有的衣服用品，不知从哪儿借300多块钱存到了孙涛卡里，林羽没给孙涛任何解释的机会，两人从好朋友变成了陌路人。

孙涛因为当众出言伤人，伤了朋友的自尊心，而失去了一个知心朋友，这都是由于他在处事方法上的失误造成的。要知道在一些人心中，自尊是十分重要的，有时候甚至重于一切。了解这一点，你就该知道，即使是对最亲密的人，也要照顾他的自尊。

无论你采取什么方式指出别人的错误：一个蔑视的眼

神，一种不满的腔调，一个不耐烦的手势，都有可能带来难堪的后果。你以为他会同意你所指出的吗？绝对不会。因为你否定了别人的想法和判断力，打击了别人的荣耀和自尊心，同时还伤害了别人的感情。对方非但不会改变自己的看法，还要进行反击。

人都有自尊心，与人相交，必须时刻顾及和维护对方的自尊，这样你也才能赢得别人的尊重和依赖。

第六章

名位欲望——只想扮演大角色

名人效仿风的心理透视

《韩非子》中记载：齐桓公喜欢穿紫色王袍，因而全国的老百姓都穿紫衣，弄得紫布紫绢大涨价。齐桓公问管仲该怎么办。管仲说："你若要阻止这种风气，只能自己不穿，再跟别人说你讨厌紫色。"齐桓公这样做，果然没多久老百姓都不穿紫衣服了。

为什么齐桓公的喜好会领导全国的风潮呢？并不是因为齐桓公更精通服装的设计，而是因为齐桓公是名人，而且是当时齐国最大的名人。

人们不仅对权威，对名人也容易有超乎寻常的崇拜和信任。名人在我们的生活中似乎是一群"特殊"的人，他们是社会的宠儿，拥有比一般人更大的影响力和权利。这就是名人定律。

中国自南唐李煜起欣赏女人的小脚，以至于此后世代兴起缠足风，直延续到民国时期。究其原因，只是因为李后主宠爱的名妃为了可爱的小脚，用绫子缠足，结果这种风气蔓延到全国，乃至对后世的无数中国女性带来了极其深重的灾难。

歌德失恋后写出了名著《少年维特之烦恼》，轰动一时。小说是一部悲剧，其主人公维特最终因失恋自杀，写得非常逼真感人。没想到，小说发表后不久，社会上青年人自杀的比率骤然升高。这都是受到小说主人公的感染，在心情悲观的时候模仿主人公而导致的。当然只有像“维特”这样的“名人”才会引起这样强烈的模仿效应，如果是一个普通人自杀了，肯定无法引起这种大面积的模仿，以至于当局不得不一度将此书列为禁书。

上面这两个例子对名人的追随和模仿都是非常盲目和不理性的，而且可以看出人们对名人的追捧是古已有之。

美国有两位大学生打赌，他们寄出了一封不写收信地址，只写“居里夫人收”的信，看它能否寄到居里夫人手里。结果，这封信真的寄到了居里夫人手里。试想，如果换了一个普通人，信还可能寄到吗?

人们对名人的追随有时比对权威的盲信更加缺乏理性。因为权威毕竟是在某个领域里达到较高造诣的人，而人们对名人的遵从往往和他的专业能力并无关系，而仅仅是因为人们把名人神化了。

为什么人们喜欢攀龙附凤

有很多时候，人们会利用名人效应为自己服务。比如明朝江西吉州地方有个名叫欧阳伯乐的秀才到省城赴考时，在行李担上插了一面旗，上写："庐陵魁选欧阳伯乐"，以标榜自己是宋朝大文学家欧阳修的后代。众考生见此便赋诗一首加以嘲讽："有客遥来自吉州，姓名挑在担竿头。虽知你是欧阳后，毕竟从来不识修（羞）。"

借名人光的现象在今天也绝不少见。企事业单位以及商场、酒店、学校、娱乐场所，大都愿意请党和国家领导人或名人雅士题写名称；很多书籍也喜欢请名人题签；有的药品、保健品的宣传资料上，常常见到政界高级知名官员的题词和接见董事长、总裁的照片。就是因为名人更容易让人们买账。还有许多人初次见面，总爱向对方夸耀自己认识某某大人物，一提到那些官居要职的人，即便攀不上亲戚之类，也一定要说成是自己的熟人，或曰"朋友"，或"朋友的朋友"。这些人都是想"狐假虎威"，借名人之名为自己捞取好处。

1984年，因公司发展需要，香港珠宝大王郑裕彤准备建造一个当时香港现代化水平最高的展览及会议场所，其中包括一幢豪华的大厦、两幢高级酒店和一个高达55米的展览中心。

这个消息发布后，引起社会各界的广泛关注。可是，规划完成后，郑裕彤却将动工的日子一拖再拖，大家都搞不明白他这样做的目的是什么。

就在外界对此事议论纷纷的时候，郑裕彤突然揭开了谜底——开工日期是英国女王访问香港的那天。

消息一发布，媒体竞相报道，舆论一片哗然。要知道，英国女王访问香港可是一件天大的事情。因为当时的香港还没有回归中国，仍在英国的管辖之下，而女王又是英国的最高元首，再加上这是她在中英两国达成1997年7月香港回归中国的协议之后的首次访问，将对香港的未来产生重要影响。因此，这次女王访港是世界关注的热点，就连美国、日本、法国、德国等国家的媒体也对此事进行了跟踪报道。郑裕彤居然选择在这样一个特殊的日子开工，难道他想与女王争锋？实在是有些不明智，大多数人都这么想。

身边的商业伙伴纷纷劝郑裕彤提前或拖后开工，郑裕彤只是笑而不答。就在英国女王访问香港这天，郑裕彤也开始忙了，他命人挂了巨型的条幅，又放飞了各式各样的彩色气球，气氛非常热烈。

可是，女王已经来到了香港，全港的官员和企业界精英都一同去迎接女王去了，新闻媒体也采写女王访港的事情去了，几乎没有人关注郑裕彤这片尚未开发的会展中心。那么，郑裕彤为什么非得选这天宣布开工呢？

几个小时后，谜底终于向世人揭开——英国女王亲自来参加奠基仪式了。英国女王站在会展中心地基前，亲自铲下了第一锹土。

在场的所有人都欢呼雀跃，记者们也纷纷记录下这令人动容的一幕，全世界在这一刻也都知道了香港国际会议展览中心和它的主人郑裕彤。

这样的广告效益有多大，是无法想象的。不管花多少钱，拍摄多少条广告，都比不上英国女王的那一锹土。如此一来，郑裕彤为自己的会展中心做了一次惊人的广告。

一个有声望的人即使是给你一句平淡的称赞，也要比一群普通人长篇大论的赞辞更有威力。只要能够抓住机会，依托名人关系，就能够让你在挥手之间办成别人一辈子都难以办成的事。这也是为什么有那么多人热衷于攀龙附凤，借名人的光来提升自己身价的原因。

权威的影响力有多大

著名空军将领乌扎尔·恩特的副驾驶员在飞机起飞前生病了，于是临时给他派了一名副驾驶员做替补。和这位传奇式的将军同飞，这名替补觉得非常荣幸。在起飞过程中，恩特哼起歌来，并把头一点一点地随着歌曲的节奏打拍子。这个副驾驶员以为恩特是要他把飞机升起来，虽然当时飞机还远远没有达到可以起飞的速度，他还是把操纵杆推了上去。结果飞机的腹部撞到了地上，螺旋桨的一个叶片割入了恩特的背部，导致他终生截瘫。

事后有人问副驾驶员："既然你知道飞机还不能飞，为什么要把操纵杆推起来呢？"他的回答是："我以为将军要我这么做。"

航空工业界有一个现象叫"机长综合征"，就是在很多事故中，机长所犯的错误都十分明显，但飞行员们却没有针对这个错误采取任何行动，最终导致飞机坠毁。上面这个故事就是"机长综合征"的一个例子。

这个故事同时揭示了心理学上的一个规律，就是人们对权威的信任要远远超出对常人的信任。

每个人都对身边的人或者对社会有一定的影响力，但影响力的大小各有不同。一般来说，权威人物容易对其他人产生更大的影响。

假如你眼部不适，到医院就诊，如果其他条件相同，有一位眼科专家和一位刚从医学院毕业的年轻大夫供你选择，你会选择哪个呢？相信你一定会选择专家。

一篇医学论文是被推荐到联合国的某个组织去报告，还是刊登在普通杂志上，这种反映医学成就的信息，其影响肯定是不同的。

这些都说明，权威对我们的影响力要超出常人。

相信权威，还是相信真理

说话的人如果地位高，有威信，受人敬重，则所说的话容易引起别人重视，并相信其正确性，这就是“权威效应”。权威效应在社会生活中普遍存在。

权威效应的普遍存在，首先是由于人们总认为权威人物往往是正确的楷模，听众和服从他们不会出错，增加不会出错的“保险系数”；其次是由于人们总认为权威人物的要求往往和社会规范相一致，按照权威人物的要求去做，会得到各方面的赞许和奖励。

权威效应，一方面反映了人们对权威的迷信和崇拜，另一方面体现了人们也期望拥有像权威人士一样的地位和光环。

美国某大学心理系的一堂课上，一位教授向学生们介绍了一位来宾——“施米特博士”，说他是世界闻名的化学家。施米特博士从皮包中拿出一个装着液体的玻璃瓶，说：“这是我正在研究的一种物质，它的挥发性很强，当我拔出瓶塞，它马上会挥发出来。但它完全无害，气味很小。当你们闻到气味，就请立刻举手。”

说完话，博士拿出一个秒表，并拔开瓶塞。一会儿功夫，只见学生们从第一排到最后一排都依次举起了手。但是后来，心理学教授告诉学生们：施米特博士只是本校的一位老师化装的，而那种物质只不过是蒸馏水。

这个实验中，人们宁可相信权威，而不相信自己的鼻子，是多么荒唐啊！

权威也许有更多的经验和资历，但是我们应该时刻记住的是，权威也是人，虽然他对我们来说可信度也许比一般人高，但是在倾听权威的意见时，永远也不要放弃自己的独立思考和判断。其实，如果总是相信权威，人类社会根本就不会取得进步。

洛德·卢瑟福是英国著名核物理学家，因对元素裂变的研究获得1908年诺贝尔物理学奖。他曾断言："由分裂原子而产生能量，是一种无意义的事情。任何企图从原子蜕变中获取能源的人，都是在空谈妄想。"但数年后，用于发电的原子能就问世了。目前原子能已经成为主要的发电新能源。在法国，原子能的利用率甚至已占各种能源的40%。

在科学大发现的时代——19世纪，当牛顿发现宇宙定律、伦琴发现X射线后，有科学家曾断言：科学的路已走到头了，以后的科学家的任务就是尽量使实验做得更精确一些。但不久，爱因斯坦就发现"相对论"，给了科学界一个新视野。

权威是相对的，我们自己如果有足够的努力，也可以从非权威变成权威。所以我们要克制内心对权威的崇拜，对权威永远不要盲目地服从。相信权威，但不要迷信权威。在权威与真理之中，我们要相信真理。

为什么人们讨厌拥挤

我们都听说过这句话：距离产生美。还听说过一个典故，就是：一群刺猬在一起取暖，为了暖和靠得很近，可是靠近了又互相扎得疼，只好又保持适当的距离。

这些都告诉我们，个体之间如果距离太近，感到拥挤，在心理上会产生不舒适的感觉。这是因为，拥挤破坏了一个主体对领域和空间的需要，使一个人对自己的生存地位感受到了压迫和威胁，而扰乱了别人正常的生活。

空间的需要在动物中表现得和人类一样强烈。科学家对处于拥挤环境中的动物进行尸体解剖发现，过度拥挤对它们造成了明显的生理损害。人也是动物的一种，对处于拥挤情境中的人类所做的观察与调查研究，也证明了相同的结果。

比如一个短期的研究中，把被试者置于过度拥挤的实验条件下。结果表明：1. 在一间高密度和高温的房间里，陌生人到来会遭到敌视；2. 表现出更多的攻击性迹象（适用男性）；3. 在模拟审讯中发出苛刻的言辞（适用于男性）；4. 几乎不与他人交流；5. 表现出焦虑增高的迹象。

我们自己也很容易体会到这一点。每天上下班坐公共汽车，当汽车上人特别挤时，人很容易精神紧张。在拥挤的人群中，你要保持身体的平衡，要提防扒手，要小心被人踩到脚，可能还要忍受一些难闻的气味……这些都让你很难放松。而当汽车上人很少时，你则放松得多，有座位不说，还可以浏览窗外的街景。

我们居住的地方人口的密度，也会影响我们的心理状态。心理学家发现，生活在大城市的人比小城镇的人更粗野，缺乏体谅和教养。

城市居民还比较孤僻和沉默寡言，人与人之间交往的次数与种类，要比郊区少得多。他们不像乡下人那样乐意向陌生人微笑或说话，在危难时，他们也不太愿意帮助别人。比如在大城市里总有骇人听闻的凶杀案的报道，在案中，路人或邻居总是避免卷入，甚至不会在一定距离之外或自己的家里向警察报案。

每个人都需要自己的空间位置和自由活动的领域，在这个位置和领域中，你可以不受别人的干扰，不受别人的监督，不用提防别人。你可以自由自在，做自己想做的事。这样的状态当然很放松。而周围的人如果过多，则使你无法实现这些要求。

因此，人口的高密度下，人们为了保持心灵上的这种空间和自由，只能由冷漠来排斥他人，使他人和你保持一定的距离。因此在人群密集的地方，你经常能从别人那里感受到一种“离我远一点”“别想干涉我”等等暗示。这使得人情显得冷漠。

人口密度与人类的异常行为也有关联。犯罪学家的研究证明，犯罪率与人口密度往往成正比。城市中心的犯罪率始终比郊外高。同样，在人口高密度的地区，经常发生故意破坏文化艺术的行为和青少年犯罪。

在城市中，心理疾病的发生率最高，当转向人口密度较稀薄的郊外，心理疾病发生率逐渐下降。过度拥挤还与死亡率高度相关。有个研究调查了某个国家的监狱体系和精神病院，证明死亡率随人口的增长而上升，随着人口的减少而下降。

这也就不奇怪为什么西方国家里，有钱人往往喜欢住在郊外，而穷人则更多地住在城里。

角色规范：各司其职，各尽其责

“角色”，原是用于戏剧、电影中的名词，指剧本中的人物。在戏剧、电影中，角色是独立于个人而存在的，它有两层含意：

第一，不管是谁，只要他担当某一特定角色，他就要按照这个角色的行为规定来行事。

第二，扮演某一角色的演员会消失，但这个角色一直存在，即使这个演员不存在了，将来别的演员仍然可以扮演这个角色。

人际关系心理学的角色概念，就是借用这种含义，表明在一定社会关系中某种地位所规定的一套行为模式。

开放性的社会系统，是一种社会角色的网络结构。社会是角色系统，个人是角色系统中的子系统，社会就是由角色构成的一根连续的“链条”，每个人都是这根链条中的一环。一根链条，只要其中的一环出了毛病，整个的运转就会受到多米诺骨牌似的影响。这就像戏剧中的生旦净末丑，只要一个角色越俎代庖，比如生演成丑，全剧就得乱套。因此，想要在社会舞台上得到自己合适的位置，每个成员都得留意自己此时此地的角色规范。

在人类社会里，个人与个人之间的相互作用，绝不是简单的相互间的刺激与反应，而必须为一定的角色规范所导演。角色规范是公认的，大家共同掌握的，而不是个人单独创造的。角色行为中的角色规范成分，使他人能够了解你的角色动机、角色情绪乃至个性特征，并做出相应的反应。

尽管社会上的人千差万别，所扮演的角色不尽相同，但由于角色规范的存在，指示着人们需要满足的方式和提出相应的行为目标，使个人了解应该做什么和不应该做什么，从而才能使社会机制得以正常运转。否则，人类就会成为一盘散沙，社会也不成为社会了。

人类社会犹如一个天然大舞台，人类社会的种种活动都可以说是一种社会剧。每个人都在这“社会剧”中担任一种或数种职务，按照一定的行为模式，扮演着自己的角色。各司其职，各尽其责，串演着一出出绚丽多彩的社会话剧。

角色冲突：承担权利，履行义务

每个人都要在社会中扮演属于自己的社会角色。当个人在所履行的两个或多个社会角色之间或角色与人格之间，有难以相容感，就发生了角色冲突。

角色冲突也可发生于个人遭受来自不同群体的不可调和的压力，或出现在角色定位模糊之时。角色冲突可导致焦虑、紧张、苦恼、效率下降，或使个人为解决冲突而从一个或多个不相容的角色中撤退，重新定位或通过协调减轻对立诸方的压力。

维多利亚女王有一次和她的丈夫吵架了，丈夫生气了，闭门不出。

女王来敲门，丈夫问："你是谁？"

女王理直气壮地回答："英国女王。"屋里没有声音，女王又敲门，声音平和了一些："我是维多利亚。"里面仍是悄然无声。最后女王柔情地说："亲爱的，开门，我是你的妻子呀。"门悄声地开了。

这个故事告诉我们，不要时刻惦记着你的地位和权力，每个人在不同时候要扮演不同的角色。

人的一生会扮演各种角色：领导、职员、父亲、母亲、丈夫、妻子、儿子、女儿……角色与人的心理健康密切相关，当他（她）成功扮演各种"角色"时，既满足了社会的期望，也满足了个人的需求，所以他（她）能过正常的生活。反之，那些不能胜任各种角色的人，则很可能在不同的生活处境中遇到困难，其中经常碰到的就是不能适应不同角色冲突带来的麻烦。

如果我们不能在需要的时候，自如地转化自己的角色，那么无论在心理上还是在行为上都会感到不自在。换言之，为了使日常的人际关系特别是工作中的人际关系更为融洽，这种能力是不可或缺的，即敏锐地观察出我们在各种情境下应扮演的角色并做出相应的角色行为。尽管在大多数情况下角色转换会自发进行，但为了有备无患，我们还是多加注意为妙。

角色冲突是使人紧张的一个源泉。研究证明，总是生活在角色冲突中的人，会心率加快、血压增高。美国社会心理学家米德把这种现象称之为“角色紧张”。角色紧张对社会及个体的身心健康都非常有害。消除角色冲突，可以采取如下几种具体方法：

1. 学会角色换位

考虑和处理问题时，不要老是站在自己的角色的位置上，而应当换个角色位置，即站在他人角色的立场，“将心比心”“设身处地”地体验不同于自己的别的角色的需求、遭遇和感受。比如下级站在领导的角度，领导站在下属的角度，这样自然就能消除角色冲突，保持人际关系的和谐。

2. 搞好角色调度

不同的角色有不同的权利与义务。我们在角色转换后，应当及时对所承担角色的权利与义务有明确的认识，对该角色应有行为做出清晰的理解，以求顺应变化，尽早进入新角色，转换角色行为。

3. 避免角色混同

角色的权利与义务是各不相同的，不能混为一谈，应当区别对待。比如，在单位时是领导，习惯于发布命令、指挥别人，但回到家里，履行作为丈夫和父亲的职责，就不能一味严肃正经。

以淡泊之心看待权力地位

佛经云：心包太虚，量周沙界。你能把虚空宇宙都包容在心中，那么你的心量自然就能如同虚空一样广大。无论名利荣辱，权尊位卑，只要心量放大，减少欲望，自然能做到风雨无惊。不为官位累心，不为名利烦恼，随遇而安，这实在是明智之举。

“无官一身轻”，这话是很有道理的。有的人清心寡欲，既不求升官，也不求发财，每天上班安分守已做好本职工作，下班按时回家，每个月领着不多不少还算说得过去的一份工资，晚上陪爱人在家里看看电视，周末带孩子逛逛公园，年轻的时候打打篮球，年纪大点练练太极拳，不生气，不上火，知足常乐，长命百岁。这样的人生可能看起来有些“平庸”，但其中的那份“闲适”给人带来的满足，也是那些整日奔波劳累、费心劳神追求权力地位、功名利禄之人所体会不到的。所以国王会羡慕在路边晒太阳的农夫，因为农夫有着国王永远不会有的安全感，而要有农夫那样的安全感就不能有国王的权势。

功成名就从一定意义上讲并不难，只要用勤奋和辛劳便可以换取，是需要把别人喝咖啡的时间都用来拼搏。就一般情况而言，你多得一份功名利禄，就会少得一份轻松悠闲。而一切名利，都如过眼烟云，终究会逝去，人生最重要的，还是一个温馨的家和脚下一片坚实的土地。

旷世巨作《飘》的作者玛格丽特·米契尔说过：“直到你失去了名誉以后，你才会知道这玩意儿有多累赘，才会知道真正的自由是什么。”盛名之下，是一颗活得很累的心，因为它只是在为别人而活着。我们常羡慕那些名人的风光，可我们是否了解他们的苦衷？

世间有许多诱惑：权势、地位、桂冠、金钱，但那都是身外之物，只有生命最美，快乐最贵。我们要想活得潇洒自在，要想过得幸福快乐，就必须做到：学会淡泊名利的享受，割断权与利的联系；无官不去争，有官不去斗；位高不自傲，位低不自卑，欣然享受清心自在的美好时光，这样就会感受到生活的快乐和惬意。否则，太看重权力地位，让一生的快乐都毁在争权夺利中，那就太不值得，也太愚蠢了。

念念不忘官位者，有很多最终是人官皆失。学会以淡泊之心看待权力地位，乃是免遭厄运和痛苦的良方，也是得到人生幸福和快乐的智慧所在。

第七章

爱情欲望——情深深，欲蒙蒙

爱TA的脸蛋，还是爱TA的人

有心理学家做过一个实验，将一群陌生人一连四天聚在一起，每次聚一个小时。

第一天，研究人员认为接受实验者对于美的评判有32%来自外貌，20%仍来自对内在的了解。评价的人比较客观。

第二天，情况改变了，评判中的26%来自客观的印象，而33%来自评价者的主观意识。

第三天，这一比率为24/34。

第四天，也就是最后一天，则是23/48。

这个实验说明，人们对容貌的重视，会随着彼此的熟悉而减弱。这就是为什么我们对熟悉而喜欢的人，会觉得越来越顺眼。

人们总爱说："人不可貌相，海水不可斗量。"似乎以貌取人是不明智的做法。但是，这个道理认识到容易，真正做到却不容易。就是说，大多数人，无论理智上怎样认为，但是在对别人的判断上多少要受到对方外貌的影响。

其实，相貌对人心理的影响是很突出的。就连父母对待自己的孩子，也是对漂亮的要更加喜欢一些，对长相丑的孩子，就不太喜欢，有的甚至有所嫌恶。

成人世界里也是如此。相貌漂亮的人，尤其是年轻的女子，会在人际交往、婚姻等事情上更容易博得他人的青睐，激起他人的热情，获得帮助，在生活的各方面也更加顺利一些。而相貌丑的人则容易碰壁，心灰意冷，自卑心严重。

国外有过一项针对这个问题的研究。根据统计，得出这样的结论：长相好看的人比相貌平平的人挣钱更多，拥有的工作更让人羡慕，而相貌平平的人比相貌丑陋的人又会好一些。

虽然长相不是一切，但的确可以构成一项资本。比如，一个单位雇用一个秘书，如果两个候选人其他条件相同，而一个更漂亮些，那么一定会有更大的优势，尤其是经理是男性的情况下。毕竟人们更喜欢天天看到漂亮的脸蛋，用通俗的话来说——“养眼”。这就是为什么电视、电影里的明星，大多长相俊美，很简单，因为可以让人赏心悦目。

在爱情中，美貌更是一项资本。情侣一般在相貌上是般配的。当两个人不般配时，丑的一方通常要在其他方面有更好的条件来平衡。

男人似乎对容貌更加重视一些，就是人们常说的：“世上没有不好色的男人。”男人如果带着个漂亮的女人，会觉得脸上更有光彩。

实际上，如果我们理性一些就会认识到，以貌取人的确有很大的局限性。因为人的长相和心灵是两回事。即使是看相的，也注重“眼相”，也就是更注重一个人的内在神韵，现在也许可以叫“气质”。

气质美要比容貌美更高一筹。内在的美才更耐看，也更能成为判断一个人的依据。

实际上，爱情中的以貌取人更容易发生在双方认识相恋的初期，就是不太熟悉的时候。

是嫁给他的人，还是嫁给自己的欲望

在心理学家研究爱情心理学的过程中，始终存在着一种争议，是关于爱情到底是属于一种纯粹意义上的情感，还是人类内心的一种欲望。有的心理学家认为，情感属于态度的一部分，是一种较复杂的生理性的对外界客观事物的内向型感受，它和情绪相似。而欲望是人类的一种本能，属于人性的组成部分。但是由于欲望可以是生理性的，同时也可以是心理性的，因此，人的情感与欲望同样有着可以相互交错的时候，这也就是说，在某些特定的时候，人的情感和欲望会站在统一的立场上。比如说，男人与女人之间的爱情。心理学家曾做多次试验，最后证明，当爱情或情感强烈到一定程度时，就会转变为一种欲望。比如一个男人喜欢一个女人，当他喜欢对方到茶不能思、夜不能寐的地步时，其实其内心对这个女人就产生了一种强烈的欲望——一定要得到对方；相反，当一个女人喜欢一个男人到了一定程度时，同时也会有一种想要和对方长相厮守的欲望。但是问题再次接踵而至，比如一个女人选择了嫁给一个男人，那么她到底是嫁给了他这个人，还是嫁给了自己的欲望了呢？

要想弄明白这个问题，就要明白一个道理，现实中的爱情往往与理论中的爱情存在着一定的差别。为什么这样说呢？因为，理论中的爱情应当是男女之间一种纯粹的情感，但是在现实中这种不带任何功利色彩的爱情往往是极少的。这也就意味着，在现实中的很多婚姻并不仅仅是建立在彼此之间的情感基础上的。例如，如今很多人成家后都是和父母分开单过，但彼此家庭之间的联系却在两个人的婚姻中起着很大的作用，会不同程度地影响或是制约着两个人之间的爱情与婚姻。而由于婚姻除了爱情之外，还需要以生活为基础进行规划，因此但凡爱情一走到婚姻的地步，就往往会掺杂入一些实质性的东西，比如双方的家庭情况。虽然爱情是一种不带任何欲望的心理感受，但是婚姻却不仅仅是情感的问题，它还会涉及到生活中的各个方面。

当下人们对物质生活的要求越来越高，这使得那些青年男女在选择自己的恋人时，不再仅仅是出于一种情感上的欲求。比如，在一对男女刚刚见面的时候，对于男方而言，往往在意的首先是女方的长相，其次才是女方的谈吐和学识等综合方面的素质。也就是说，男方对女方的第一印象往往会局限于女方的外表，并以此为心理基础去进一步发现或了解对方；而女方往往会对男方的长相，比如是否高大，行事是否大方，家庭是否有一定的经济基础进行考量。心理学家认为，这是一种基于现实需求的惯常思维。而由于社会上的攀比之心加重，加上人们对物质的要求越来越高，这也不同程度地滋生了女方好吃懒做的个性，以致很多女孩在寻找自己的“梦中情人”时往往会考虑到对方的经济实力，更有甚者在物欲心理的膨胀下会完全为对方所拥有的财富而放弃自我，把婚姻看作是一种买卖，为了得到对方所拥有的钱财而不惜降低自己对爱情的要求。虽然这样的婚姻的幸福度可想而知，但毋庸置疑的是，这种婚姻在现实中却有很多。由此可见，金钱和财富可以成为替代爱情的婚姻筹码。

从这个角度看，爱情已经远远不是两个人单纯的情感问题了，而是一种带着对物质的某种欲望的需求，也是掺到爱情世界里的一根根杂草，使得原本纯真的爱情发生了霉变。但是如果是站在婚姻的立场上来看，往往这种看似不太纯的爱情都很稳定，这是因为，爱情需要“面包”。而当爱情过于纯粹时，一旦爱情的双方步入婚姻的殿堂，当爱情在婚姻里渐渐褪色之后，人身上那种对物质的本能需求和欲望就会被突显出来。所以说，往爱情里适度地掺一些杂草并不会起到不好的作用，但如果爱情里的杂草太多也会起到相反的作用，使爱情变为了纯粹意义上的婚姻，也就没有什么情感可言了。

因此，对于那些选择步入婚姻的男女双方而言，尤其是女方，在嫁给对方之前，不妨问问自己：究竟是想嫁给他这个人，还是想嫁给自己的欲望？如果是想嫁给对方这个人，那么就不要过于看重对方是否有多少财富，也就是说，这种情况下要把自己内心对物质需求的欲望铲除，这样，彼此组成家庭之后就会获得幸福；如果选择了对方所拥有的财富，那么就必定会降低自身对爱情的要求。

这样做，实际上就等于是嫁给了自己的欲望——为了满足自身对物质的需求而部分或全部放弃了自己在情感上的欲望和要求，这时女方与对方的婚姻实际上就不是以爱情为基础的，而是以物质为目的。

这样的婚姻在男方的经济状况发生不尽人意的变化后，便极有可能走向解体。这样看来，只有适当铲除欲念的杂草，爱情才能够永葆美丽，婚姻也才会永葆健康。

嫁给七旬老头：爱情婚了头

对于人类的欲望，心理分析师认为，情感需求也是人类最基本，甚至更强烈的需求。因此，人们在面对这一需求时所表现出来的勇气是十分强大的。

在现实中，有不少妙龄少女在选择她们的人生伴侣的时候，没有选择那些与自己年龄相仿的青年男子，而是选择了那些与自己的年龄相差十分悬殊的男人。由于这种现象不仅仅是出现在一两个人的身上，而是出现在了不少人的身上，所以这一现象在引起了社会上很多人议论纷纷的同时，也引起了不少社会学家和心理学家的广泛关注。

对于这种从人的年龄上来看极不相称的婚姻现象，美国著名心理学家班杜拉认为，由于每个人内心的需求不同，所以无论是男性还是女性，他们都有自己的一种择偶标准，所以无论他们选择什么年龄或是什么性格的人来做为自己的终生伴侣，其实从心理学的角度来分析，都是正确的，因为他们的这种选择都是为了满足自我情感的需求，换句话说，他们之所以敢于做出这种选择，事实上就是为了完成自己的一种内心的欲望。这是因为，在班杜拉教授看来，人类的情感需求同样是一种欲望，只不过相对于人类对物质的欲望而言，人类的情感表现方式往往十分隐蔽，它属于一种人类的内心活动，事先并没有什么征兆，所以一旦表现出来往往会给人一种突兀和不能理解的感受。然而事实上，无论是情感需求还是物质需求都源于人类的欲望。

从班杜拉的观点出发，再去看妙龄少女嫁给七旬老头这一社会现象，事实上就简单多了。一个人，无论是男人还是女人，当他们成为成年人之后，自己的价值观、人生观就会形成，而其人生观与价值观的形成往往是和这个人童年时的某些经历，以及他成长的家庭环境、社会环境和教育环境有着很大关系的。而一个人的价值观一旦形成了，那么势必会影响到其人生观的取向，同时自然也会影响到他对待婚姻的看法。值得注意的一点是，一个人在对待婚姻与爱情时的取向，有时候会显得较为特别，因为这和一个人成长过程中的家庭环境有着很大的关系，比如一个幼年便失去父亲的单亲家庭中，作为这个家庭中的子女在选择自己的人生伴侣的时候，尤其是女孩子，往往就会偏重于那种年龄偏长的，或是比较成熟的男性作为伴侣，因为她们从小没有得到过父爱，所以从心理上对父爱有着一种外人无法体会的期盼与渴望，而这一类型的妙龄少女如果是嫁给了一位七旬老者也不足为怪。虽然这会让外人很难理解和感到不可思议，但是对当事人而言，这正是她们内心对父爱渴望所致。这类女孩的外在表现可能会十分坚强，但她们的心理往往是十分脆弱的，所以她们往往希望自己未来的另一半是成熟的男人。

班杜拉教授认为，这种半是爱情半是父爱般的情感，在心理学上并不属于一种畸形的情感——从婚姻心理上来看，当爱情发展到一定程度之后，就会发生某种微妙的变化，即从最初的男女之爱转化为一种亲情。因此，对于那些选择了七旬老者作为自己人生伴侣的妙龄少女来说，在她们的情感世界里，其实一开始就将爱情和亲情掺杂在了一起。

在现实社会中，有一个不容忽视的事实，那些妙龄少女选择的七旬老者，由于他们经历了人生的很多事情，再加上奋斗了许多年，所以即使不是社会上的名人，也会拥有一定的财富。因此，那些选择了他们的少女们在很多人看来都是为了贪图他们的财富。这样的例子在现实中很多，有不少女孩子嫁给了比自己年长很多的外企老总，人们在一年又一年的怀疑这些女孩子是贪图对方的财产的过程中，他们却一年又一年地过了下来，并没有像那些体育或是影视红星嫁入豪门后屡屡出现的婚变，倒是彼此生活得十分幸福，不仅双方生儿育女了，还使得对方在女孩所在的国家和家乡做了很多的投资。

事实上，这种在外界看来年龄极不相称的婚姻之所以能够过得幸福，是因为作为当事者的男方或女方而言，他们之间并非是像外界所猜疑的那样，女方选择与自己年龄悬殊的老头为人生伴侣就是为了贪图对方的地位和金钱，而男方选择比自己年龄小的女孩子就是贪图对方的年轻貌美。只不过因为在外人看来，他们之间存在着年龄或身份地位上的不同，并且这种不同的差异性较大，所以才会做出这种世俗眼光之下的定论与猜疑，但事实上他们之间从认识到结合和那些身份地位或年龄相当的男女之间的相爱没有什么区别，都是基于一种内心的情感需求。这从心理学的角度看，即无论是男方还是女方，都从对方身上发现了自己内心所需求的情感，并因此而产生了一种情感上的欲望，而在这种欲望的支配下，他们都因此而让对方获得了一种情感上的相互吸引与依赖。也就是说，他们在内心情感欲望的不断膨胀中致使彼此做出了一种世人眼中的不可理喻的行为，从而冲破了世俗的樊篱，最终结合到了一起。

很多老夫少妻的例子，如阿拉法特就比妻子苏哈大了整整34岁。尽管很多人猜测，苏哈在这段婚姻中获得巨额财产，但那些都只是猜测而已。这也正吻合人们对于老夫少妻的世俗看法。而事实上，两人的爱情完全有可能是出于人类的一种本能欲望。

爱情和面包，一个都不能少

在面对婚姻时，不少人都会觉得难以抉择，因为婚姻与爱情有很大的差异——爱情可以是忘乎所以的，但是婚姻只有爱情还远远不够，因为婚姻不只是一种内心的情感感受，还需要面对生活。针对此，一些心理学家就产生了一种质疑，婚姻中的男方或是女方，他们对“面包”的渴求究竟是一种欲望，还是对爱情的进一步延伸？

有心理学家认为，幸福的婚姻都是基于爱情基础成立的，因为如果男女双方之间没有爱情，他们即使是婚姻，也不会长久。其实在现实中有很多这样的例子——男方只是贪图对方美丽的容颜，而女方只是贪恋对方拥有的财富，结果两个人结婚后，当男人不再觉得女方美丽或是男人再次发现了比女方还要年轻貌美的女人后，不仅会因此而淡化夫妻双方的情感，还会因此而出现婚外情，更有甚者会由此导致婚姻破裂。因此，心理学家认为，幸福的婚姻必定是要以爱情为基础而结合的。男女双方如果只是针对对方美丽的容颜或是对方拥有的财富走入婚姻，可能在婚姻的最初阶段彼此会过得很幸福，然而一旦一方无法满足对方在婚前所期望的那些欲望后，婚姻必然会因此而面临解体。

然而，与此同时，心理学家也注意到了另外一个影响婚姻幸福的问题，那就是“面包”的问题。众所周知，爱情属于一种心灵体验，当两个人在心录深处都感到喜欢对方时才会彼此碰撞出爱情的火花，但是每个人都不可能只生活在自己的精神世界里，所以说，再美丽动人的爱情也不可能孤立地游离于最简单的生活之外，因为人们不仅有很高的心理需求，同时对物质的需求也是不可避免的。换句话说，有爱情的同时也要有面包，这才能使婚姻趋向于幸福。

在现实生活当中，有很多美丽的爱情，却往往由于当事双方并不是出于对物质的欲望，而是基于自己的精神层面的需求走到了一起，但是由于彼此之间的情感过于浓烈而忽视了人类本身对物质的需求，虽然他们生活在一起精神上很富有，但是最终却因为生活上的种种困境而不得不选择了分手。这与那些纯粹以物质需求为基础的婚姻相比，同样是可怕的，因为在心理学家看来，人类有精神层面的需求欲望，同样也有对物质层面的需求欲望，如果两者不能很好地结合到一起，都会使彼此的婚姻出现裂缝。人们对物质的需求同样是一种欲望，这就要求婚姻中的人们既要有爱情也要有面包，这样人们的婚姻才不会被纯净的爱情轻易击倒。

人们渴望爱情，但也无法不在乎“面包”，所以，更多时候，人们既想满足自己的精神需求，又难以舍弃对物质的强烈欲望。但无论从精神需求出发，还是从物质需求出发，都不能让内心的这种对爱情的欲望过于强烈，否则当欲望膨胀到无以叠加的时候，就会让人产生心理上的变化，从而影响到婚姻和幸福。当然，对于处于情感世界的人们来说，还有一点是不能忽视的，那就是既不能忽视精神层面的需求和欲望，也不能忽视物质层面的需求和欲望。所以，在适当的时候，应注意这两方面的平衡，这样才不会对婚姻产生不好的影响。

爱情中的罗密欧与朱丽叶效应

在意大利的维洛那，有蒙太古和凯普莱特两大望族。双方世代为仇，一见面就会发生械斗。蒙太古的独子罗密欧和朋友偷偷混进了凯普莱特家举办的盛大舞会，和凯普莱特的独生女朱丽叶一见钟情。但由于双方家族的恩怨，他们只能悄悄找到神父，秘密结为夫妻。这天中午，罗密欧和朋友在街上遇到了朱丽叶的堂兄，发生了争斗，他杀了罗密欧的朋友。罗密欧为替朋友报仇，拔剑将他杀死，应此被驱逐。朱丽叶也被父亲许配给他人，下星期四就要举行婚礼。在朱丽叶的请求下，神父决定帮助他们，他让朱丽叶在婚礼的前一夜服下一种可以让人在四十二个小时后苏醒的假死药，同时派人给罗密欧送信，让他赶回来，趁机带走她。朱丽叶服下了药，婚礼变成了葬礼，她被安放到了墓穴中，送信的人却没有及时找到罗密欧。罗密欧听到她的死讯，信以为真，匆忙回到维洛那，赶到朱丽叶的墓前，服下携带的毒药殉情。

从假死状态中苏醒的朱丽叶满心欢喜地等待着罗密欧带着自己远走高飞，结果却看到了他冰冷的身体。悲痛欲绝的朱丽叶不愿独自生活在没有罗密欧的世界上，拔出他的佩剑自杀身亡。等到众人赶来，只剩下再也不会说不会笑的尸体了。神父向他们讲述了两人之间的故事，两家人追悔莫及，从此消除积怨，在城中塑造了永不分离的两人的金像。

这是莎士比亚的悲剧名著《罗密欧与朱丽叶》为我们讲述的爱情故事。罗密欧和朱丽叶在双方家族的强大压力下，不仅没有妥协分手，反而更深地爱着对方，最终不惜以生命来捍卫这份爱情。借助于这部名著，心理学上将当出现干扰恋爱双方爱情关系的外在力量时，恋爱的双方的感情反而会增强的现象，称为“罗密欧与朱丽叶效应”。

之所以会出现罗密欧与朱丽叶效应，一方面是由于每个人都希望自己能够独立自主，而不愿意事事听从他人的意见，或者接受他人的控制。一旦他人代替自己做出选择，并强迫自己接受这种选择的情况发生，人们就会感觉自己的自主权受到了威胁，从而从心底产生一种强烈的抵抗、反弹情绪。这种抵抗、反弹情绪的表现，一是对被迫选择的事物更加排斥，二是对被迫失去的事物更为喜欢。

罗密欧与朱丽叶效应出现的另外一个原因，则是人们对于越难以得到的东西，看得就越重，认为这种东西的价值就越大，就越被这种东西所吸引。同理，人们往往会忽视轻易得到的东西或者已经得到手的东西的价值。因此，当人们的恋情遭遇外在压力的时候，会有对失去这段恋情的恐惧心理，这就会导致他们更加珍惜对方，怜爱对方，从而导致彼此的爱情升温。

尽管罗密欧和朱丽叶的故事纯属虚构，但这种现象在生活中却是真实存在的。心理学家们通过大量的研究认为，在一定范围内，父母或者长辈对儿女或者晚辈感情的干涉，只会加深这对恋人的感情。也就是说，如果出现干扰这对恋人爱情关系的外在力量时，恋爱双方的情感会因此而变得更为强烈，恋爱关系也更为坚实。但最终，不顾压力走到一起的两人往往是以悲剧收场。

即使得不到，也要将其毁灭

人有时就是这样，越不想失去的，就越容易失去，越想得到，就越不容易得到。其实，这就是欲望的陷阱。人们太在乎一件事情，欲望就会变得强烈，心理就会背负枷锁，导致行为失常，最终担心的事情就会随之而来。

就爱情而言，一些人越担心感情失败，感情还真就会失败。很多女人喜欢让自己的男人时刻陪在自己的身边，可是男人毕竟是有应酬的。当男人要外出时，女人就会大吵大闹，希望男人可以妥协。然而事实证明，女人越是这样，男人越是躲得远远的。甚至，永远消失。

凯瑟琳是个有点神经质的女人，她很爱自己的丈夫，爱到时刻担心被丈夫抛弃的地步，因此，对丈夫的一切活动他都要盘问，甚至还对外出的丈夫进行跟踪。面对凯瑟琳的不可思议，他丈夫不胜其烦，渐渐地回家的次数越来越少。后来，他果然爱上了另一名女子，尽管凯瑟琳不想结束这段婚姻，但他的丈夫执意与她离婚，娶那个女子为妻，凯瑟琳无奈只好结束与丈夫的夫妻关系。

三年过去了，凯瑟琳的丈夫与那个女子有了一个可爱的女儿，过着幸福的生活。可是凯瑟琳却始终无法从这段失败的婚姻的阴影中走出来，她觉得是那个女人夺走了自己的幸福。这种念头让她的内心变得越来越疯狂，于是，有一天，她来到了前夫与那个女子的住处，趁前夫不在，残忍地将那个女人和他们的孩子杀害。当警察对其进行审讯时，她还歇斯底里地对着探员大喊："是她该死，谁让她夺走了我丈夫，夺走了本该属于我的幸福！"

毋庸置疑，等待凯瑟琳的是法律的严惩。只是到最后她依然不明白，她的悲剧是自己一手导演的。是她太在意自己的感受，为了所谓的爱，而不惜伤害他人的感情和生命。可以说，她的爱是极端自私的占有欲，所以，她才不懂得放手，而只想紧紧地将它抓牢，结果却适得其反。正是越放不开，就越容易失去。

生活中，有些人为了得到他喜欢的东西，殚精竭虑，费尽心机，更甚者可能会不择手段，走向极端。也许他得到了他喜欢的东西，但是在他追逐的过程中，失去的东西也无法计算，他付出的代价是其得到的东西所无法弥补的。上述案例中的凯瑟琳，苦苦抓住一段无望的感情不放，并不惜为之采取极端措施，为此她也付出了浓重的代价。

其实喜欢一个人，不一定要和他（她）在一起。感情的事不能勉强，为了强求不属于自己的感情而弄得身心疲惫不堪，是很不划算的。

有些人是“只可远观而不可近瞧”的，一旦你与其结合组成家庭，日子一久你便会发现对方其实并不如你原本想象中的那么好。如果你再发现你曾经漠视或错过的更珍贵感情的时候，你一定会懊恼不已。所以也常有这样的一句话：“得不到的东西永远是最好的。”

当你喜欢一个并不值得你为之付出的人时，与其结合并不一定是你最明智的选择。

“强扭的瓜不甜”，感情上的事，不去苛求就不会有太多伤感，与其苦苦强求让自己负累，不如轻松地去面对，即使有一天放弃或者离开，你也学会了平静，得到了幸福。

婚外恋背后的“蠢蠢欲望”

随着生活水平的不断提高，人们除了对物质的占有欲在加大，对情感的欲望也在不断加大，比如，很多男人本来有一个幸福的家庭，但是偏偏去外面寻找其他女人。同样，也有很多女性有婚外恋经历。人们为什么会这样呢？

相关心理学研究表明，婚外恋的出现及其成因比较复杂，不能一概而论。但所有的婚外恋都会有一个相同之处，那就是当事者对现有婚姻的不满足。他们对自己的伴侣感到不满意，但又没有勇气走出这段婚姻。事实上，在很多家庭中，女性为了支持丈夫工作，辞退自己的工作，专心照顾丈夫和孩子，但是女性的这种牺牲往往换来的是另一种结果，那就是丈夫的婚外出轨行为。丈夫通过在社会实践中的锻炼，眼界越来越宽阔，而妻子由于只局限于家庭，眼里、心里都是自己的小世界。并且女人在有了孩子后，会将更多的经历用于孩子的身上，慢慢地会让丈夫有一种被“冷落”的感觉。随着日子的不断增长，男人的这种心结也会越来越强，致使情感产生偏离。

而男人的社会属性，使他的世界更广阔于自己的妻子，所以，当他的情感无法在妻子那里得到满足时，其内心的欲望不但不会减少，反而会出现急骤地增长与膨胀，以致在外面与其他女人有了关系。但这并不是说，男人就将外面的女人真正的放在了心上，事实上，那不过是他们对在妻子那里缺失的情感欲望的一种补偿而已。心理学研究发现，婚外恋男人在其它女人那里所表现出的情感和行为，并不完全是发自内心的，就像是昙花一现，来得快去得也快。并且，这种情感在心理学家看来也不完全是出于生理上的、感官上的刺激，而只是为了满足他们内心的一种欲望。

无论男人或是女人，他们内心都有着一股天生的占有欲，而这一点在男人身上表现得更为突出与明显。心理学家认为，男人的占有欲要比女人强数倍，这就是在现实中多数都是男人成就了自己的事业的原因，但是随着社会的发展，以及女性权力不断得到提升，现实中的很多女人由于内心欲望不断膨胀，在成就自己辉煌事业的同时，对内心的情感需求也和多数男人一样，有了更大的需求。所以，女性婚外恋现象也在不断攀升。

从这些成功男人与女人的身上可以看出，他们如此行事的动机尽管有一定的差异，但是从根本上讲却是没有什么分别的，因为他们都是为了满足自己内心缺失的那部分情感，并从这个目的出发，去各自寻找各自的所爱。也就是说，这种行为是出于内心因情感部分缺失而引发的内心的一种占有欲望，而他们正是在这种欲望的驱使下做出了有悖于道德规范的行为。从这点来看，如果人们要想维系夫妻间的情感，就必须经常翻检自己心灵的花园，发现杂草就要及时铲除掉，这样才能使自己的心灵保持纯净，才能在情感的世界里活得更幸福。

面对很多家庭出现的问题，尽管我们需求精神需求，但也不能任由这种欲望膨胀，否则它会给一个家庭带来动荡不安的命运。

“家花”不如“野花”香吗

中国有句老话：“家花不如野花香，野花不如偷的香。”说的是婚后男人有在外面拈花惹草甚至出轨的欲望和行为。

如果家庭生活美满，没有几个男人愿意冒着千夫所指的风险去外面拈花惹草的。男人们外遇或出轨总是由内在欲望和外在因素所诱发的。

1. 男权思想

男人认为自己在支撑一个家，因此在认定了自己的重要性以后，就有了产生出轨思想的前提。思想出轨有时比身体出轨更可怕。

2. 寻找感情的安慰

从爱情的角度来讲，如果结婚是考验爱情的第一个关口，那么孩子就是第二个关口。不少夫妻，在有了孩子以后，往往把时间和精力全用到了孩子身上，每每忽视了伴侣的感情需要，尤以女性为甚；所以，一些“玩性”未泯的丈夫便容易烦躁不安，悄悄地向其他异性寻找安慰。

3. 爱的激情褪色，彼此的吸引消淡

婚后生活的平淡，女人的墨守成规，也会导致男人的见异思迁，造成男人的出轨。

4. 两地分居造成的感情空缺

在竞争激烈的现代社会上，每个人都必须居安思危，不断充电，学习掌握新知识和新技能，才能让自己永远拥有竞争力。然而，当夫妻双方因工作的原因而分居的时候，也往往是婚姻最易出现危机的时刻。

5. 家庭变故导致感情外移

当家庭发生重大变故时，比如妻子失业、丈夫破产、亲人离去等，人难免就会心情跌宕、茫然不知所措。如果这时得不到另一半强有力的关怀与支持，就很容易使感情从家庭中出走。

婚外情可以给原来幸福美满的家庭带来毁灭性的伤害。俗话说："隐患险于明火，防范胜于救灾。"婚外情不是一夜之间就会发生的，它也有一个渐进的过程。因此，为了保持婚姻美满，就要防微杜渐、防患于未然。最重要的是，要提醒自己不要在诱惑面前迷失了方向。当你立场坚定，那么这"第三个角色"自然无机可乘。

婚姻生活，爱情把握得好便会风平浪静、幸福美满，把握不好便会"后院起火"、矛盾重重。假如女人遇到了男人婚外情类似的问题，不要心急，不要悲观，能哭但不能闹，要学会利用女人的天性：如柔弱、泪水、撒娇等技巧，没有哪个男人能经得住女人这些糖衣炮弹。掌握好夫妻和谐相处的艺术，为爱情设置一道防火墙，才能尽享爱情果实，同爱人永结同心，白头偕老，携手一共赴一生。

为什么男人认为别人的老婆好

男人们常嬉皮笑脸地说："别人的老婆好。"似乎是在讲笑话，其实是他们普遍、真实的心态，而且女人们也绝对不想把这句话当作笑话。如果丈夫夸别人妻子的时候被自己的妻子听见了，她肯定会和他吵闹一通。可吵闹改变不了男人的这种毛病。因为这不是男人的习惯或品质问题，而是有深层的欲望和心理原因。

1. 男女爱情心理差异

男女在爱情心理上是有差异的。一般地，女性的情感来得慢，但去得也慢，她们对丈夫的爱通常是自始至终的；而男性情感来得快，走得也快，容易移情别恋，喜欢在外面拈花惹草，几乎都希望“家里有个做饭的，外面有个思念的”，虽然有时候他不一定不爱自己的妻子。

2. 妻子在家中不注意自己的形象

女性在外面很注意自己的形象，外出时总要擦脂抹粉半天，然而在家里她们却无所顾忌，乱七八糟。可能她们认为，夫妻之间没有注意形象的必要，男人们通常也会这样说。可实际上，男人的潜意识没有休息，慢慢地，就会使他们对妻子的形象产生了一丝厌恶。例如，有位年轻貌美的妻子容易放屁，在外面总是尽力克制，怕人家笑话，可在家里毫不掩饰，该放就放。丈夫开始还乐呵呵地笑她，后来开始规劝，妻子很不以为然：“在家里都不能放屁吗？”再后来，她放屁丈夫就生气地走开，最后夫妻俩大动干戈。

做妻子的女性，应该改正这种错误观念，在丈夫面前也要注意形象，防患于未然。不妨学学已故英国王妃黛安娜，为了保持自己在丈夫心目中完美无瑕的形象，她每天早上总是要在梳妆打扮完毕后才与丈夫正面相对。

3. 妻子和丈夫说话不注意技巧

很多妻子和丈夫说话时喜欢用命令的口气，或者从来不夸奖丈夫。在我们中国人看来，客气就是见外，一家人怎么能客客气气的呢？除非闹了矛盾。这种看法也没什么错。丈夫与妻子都要负起家庭责任，为家里做出牺牲是理所应当的。问题是，如果夫妻之间经常互相夸奖，经常表示感激，说话注意技巧，夫妻关系会更融洽，家中的欢乐会更多。再说了，爱听颂歌也是男人的天性嘛。

4. 不公平的比较

人无完人，金无足赤。可男人们就是梦想自己的妻子完美无缺，而且喜欢拿自己的妻子和别人的老婆比较。可他们的比较方法往往是不公平的。通常将妻子与众多的人相比，没有A的老婆皮肤白、没有B的老婆胸脯高，没有C的老婆屁股翘、没有D的老婆温柔贤惠……结果，这种“一对多”的比较方式，必然将妻子比得一无是处。

5. 彼此太了解

俗话说“距离产生美”，夫妻之间太了解了，也会使丈夫觉得别人的老婆好。妻子若主动与丈夫保持一点距离，给丈夫造成一种神秘感，对维系婚姻的美好是有好处的。夫妻间不需要隐私的想法和做法无疑会减弱彼此的吸引力。

6. 心理适应

心理学研究表明，同一种刺激次数多了、时间久了，人们在心理上就会适应它，反应就变得迟钝；新异的刺激更容易吸引人的注意力。夫妻两人同吃一锅饭，同睡一张床，日复一日，年复一年，妻子的美丽会令丈夫熟视无睹，对其吸引力自然就不如别人的老婆。另外，夫妻双方还可能因为志向、兴趣爱好、需要的差异等种种原因而发生摩擦，无疑会拉大夫妻间的心理距离，使丈夫造成别人的老婆好的错觉。

男人认为“别人的老婆好”，这是因为他接触到的只是别人妻子可爱的一面，而对她在自己家里的所作所为却不甚了解。另外，别人的妻子与自己没有利害冲突，自然说话客客气气、温柔甜美。别人的老婆好，是因为男人把她们当成了花瓶欣赏；自己的老婆不好，是因为男人把她们当成了油瓶使用。如果将花瓶与油瓶的用途交换，令男士欣喜的花瓶也会因沾满了油渍而失去昔日的光彩夺目；令男士埋怨的油瓶也会因插上鲜花而美丽动人。

男士们若与妻子离了婚，娶了自己爱慕的人，就会发现一切都又发生了变化。离婚、结婚，再离婚、再结婚，转上几圈，最终发现还是自己原来的老婆好。

一夜情：自我麻醉的快感

面对着眼前狂舞的人群、迷离的灯光、震耳欲聋的音响，吴丹妮感到了一种极大的愉悦。一直以来，她简直是太热爱这灯红酒绿的地方了，所有的人都在灯光、音响的掩护下寻找自己的猎物。她漂亮性感，身材又火辣，是男人们视线的焦点。她非常享受这种关注，对她来说，这是魅力的展现。她也不介意别人用一种毫不掩饰的带着情欲的眼光打量她，因为她也是为了这个而来。

她很快和一个男子看上了眼，两人熟练地搭讪，然后离开酒吧去宾馆。这样的夜晚对于她来说已经是非常熟悉了，她贪婪地享受着一切，享受着一夜情带给她的刺激、新鲜，这些都是那些死板地固守在爱情中的人无法体会的。

身边也有人劝她安定下来，毕竟这样的生活实在是一种透支，她应该为以后的生活着想。她却对此嗤之以鼻：年轻时不好好享受，难道要等到老了才去羡慕别人吗？她流连于各个酒吧，在那里不断寻找她的猎物。慢慢的，在那里，吴丹妮已经成了“一夜情”的代名词了，提到她，人们总是带着一种不屑一顾或者是异常暧昧的表情。

吴丹妮很快发现自己快乐不起来了。这段日子总觉得身体不适，到医院一检查才发现自己患上了性病。听到诊断结果的那一刻，她只觉得天旋地转。治疗过程是漫长痛苦的。

本来美好的一个姑娘，本来可以拥有美好的人被葬送了。吴丹妮的悲剧，她自己要负极大的责任。在那些灯红酒绿的场所中，她恣意透支自己的青春，只知道寻欢作乐，只迷恋于肉体的快感，将青春、美丽与生命和这些短暂的欢乐画上等号，以为年轻就是刺激，就是放纵。她也为自己的行为付出了惨重的代价。

根据公安部的调查和公布的数据，我们可以很清楚地看到，像吴丹妮这类乱性人群正是性病、艾滋病爆发的高危人群。他们对自己的性伴侣完全不知根底，完全为了满足自己的性欲或者是某些心理上的欲望，将自己推向了万劫不复的深渊。这样的行为，既是对自己毫不负责，也是对家人的莫大伤害。如果有一天他们想要走入婚姻了，他们的配偶将生活在巨大的危险当中。这一点，这些寻求一夜情刺激的人可曾想过?

我们在年轻时总希望能够尽情享受生命的美好，但请不要将这样的危险性行为与美好联系在一起。当一个人满脑子只剩下了性欲，那和动物又有什么分别？当一个人满心只想着寻求刺激，不去想作为一个成年人应该具有的责任感，不去考虑美丽背后的丑恶，那么有一天，不可想象的危险同样会给其一个巨大的刺激。到时候，悔恨也于事无补了。所以，请不要透支我们的幸福与健康，去追寻那危险的刺激，如果，我们还想有一个美好的明天的话。

劈腿男：女人的“鸡肋”

丽莎与她的男友相恋10年，住在一起有一年了。男友卡佩罗是一个比较沉默话少的人，他们刚认识的时候，丽莎觉得男友人特好、很细心，但后来当他们俩住在一起时，却开始为了一点小事而吵架。卡佩罗不会表达他的感情，对丽莎如此，对她的父母也是如此。后来在丽莎的训导下，卡佩罗有了一些改变，但是这让丽莎感到很累，而之后在父母的催促下，他们不得不考虑结婚的事情。虽然卡佩罗一直对丽莎说他们并不合适，但是他们最终还是结婚了。

结婚后不久，卡佩罗就有了别的女人。起初，他对丽莎掩饰说只是朋友关系，因为那个女人有自己的男朋友，而且也快要结婚了。但是，丽莎不相信朋友间发信息会发到半夜，因此他们俩大吵了一架，而且丽莎提出了离婚。但是卡佩罗没有同意。虽然卡佩罗觉得对不起丽莎，但又不愿放弃那个女人。丽莎也不愿意放弃自己十年的感情，她不知道自己是否还爱卡佩罗，但她可以确定的是自己也不想就这么放弃他，而为了他，她甚至从来没有考虑过别的男人。

当人们面对一段真正付出过的感情时，即使到了应该放手的时候，他们也一定会有“舍不得”的复杂情绪。在面对爱人的背叛时，有些人会说，“我不会分手的，不能便宜了那个人！”“我为你付出了那么多，你为什么要与我离婚？”“放弃了他，就等于放弃了这么多年的感情。”

人们总是这么“舍不得”，舍不得放弃自己付出了很多心血的东西，其实这就是人的欲望在搞鬼。这种情感上的强烈占有欲让人类失去了理智，就像故事中的丽莎那样，她舍不得放弃自己奉献10年感情的男人，不甘心自己的男人让别的女人抢去。但是她没有认识到的是，在卡佩罗背叛她的那一刻，他们所有的感情都已经被吞噬掉了，她舍不得放弃的结果就是得到一个不爱自己的“劈腿男”。

这就是人的欲望惹的祸，它让人失去理智，失去辨别力，失去对自我的掌控。

因此，我们要学会理智地看待自己的欲望，看待自己的情感，在关键的时刻要勇敢地舍弃。面对已经失去或无望的情感，该舍弃就舍弃，这样才能摆脱欲望的折磨和情感的纠葛，走出痛苦的泥沼，去追寻属于自己的真正幸福。

网恋：曾经拥有 VS 天长地久

美国心理学家金伯利·扬认为，网络给人们提供了一个游戏人生的空间。在这个隐秘而安全的空间里，人们可以无拘无束地寻找各种需求，而无须为自己的行为负责。于是就有了网恋，甚至网婚。

网恋一般就是通过聊天和论坛及电子邮件等方式进行的，正是由于网络受条件限制，所以对一个人的认识往往是片面的，人性的复杂在网络的掩护下得到了部分遮蔽。而恋爱需要全方位、多侧面地去了解一个人。所以，很多网恋都是光开花不结果，聚也匆匆散也匆匆，很大的一方面原因就是缺少对对方的全面把握，往往是特定的心境下，心理冲动的结果。

网恋是特定时代下的产物。随着社会的变迁，寻求爱情的成本与所承担的风险越来越高，人们一方面渴望爱情，另一方面又害怕爱情所带来的伤害，于是便产生了新的矛盾。随着网络的普及，由于网络与爱情之间的某种契合度，人们发现了在虚拟的网络空间可同时满足对爱以及安全感的需求——网恋。

爱情小说之所以吸引人，它的魅力就在于给人们插上了想像的翅膀，可以无限地夸张爱情的美好。网恋所不同的是，它不仅使人浮想联翩，而且在互动中使人不知不觉地把想像演绎成了现实。因此，涉世不深的人频频上当。

嫦娥奔月的故事，很多人都非常熟悉，而网恋发生的一个个故事就像嫦娥奔月的故事一样，主角都在为一个梦想而痴狂，宁可舍弃手中的幸福，却将快乐寄托于虚无，到最后，才知是大梦一场。

有很多正在网上热恋的人表示，他们只在乎曾经拥有，不在乎天长地久。有的甚至相信，一个QQ表情，一封E－mail，一番网络对话就是相守一生的承诺。也许他们未曾想过，一生的默契，一生的相知，一生的认同，一生的相伴，不是一句单纯的许诺就能实现的。也许他们在回首的那一刻，才会恍然大悟，痛苦也罢，快乐也罢，人世间的苦辣酸甜、诸般磨难和喜乐才是自己的，这一切都需要去勇敢面对，而不要通过网恋的方式来宣泄和避世。

通过网络相互认识，以网络为媒介，然后由虚幻走入现实，最终步入婚姻殿堂的例子在我们身边也有，但是，我们看到更多的网恋是没有结果的悲剧。

在漫漫的一世中，人是孤独的，人需要朋友，不管是同性朋友，还是异性朋友；人的一生更需要知己，不论是红颜知己，还是蓝颜知己。朋友是一生一世的约定，而知己则是生死与共的守候。

我们要感谢网络，为世上孤独的人找到了这么多朋友和知己。但要清楚的是，网络上有你的朋友，有知己，有想象，还有回忆，但很难有爱情。网恋只是生命中一次如泡影般的相约，它会随风而逝。网络中的爱情就如人生路上的飘萍，聚散无常。这种虚拟的感情最终会随着岁月的流逝，而逐渐淡去，不能长久，也不会长久。真正的感情需要相濡以沫，需要相伴终身。

网恋的浪漫如一朵飘过的云，一缕升起的烟，现实才是承载生活的土地。当我们义无反顾地走出那个充满诱惑的空间时，你才会豁然开朗。

第八章

完美欲望——完美，完美，再完美

完美主义：一个美丽的错误

完美主义，是指在工作表现上对己或对人所要求的一种心理期望和人生态度。持完美主义，对任何事都要求达到毫无缺点的地步，因而难免只按理想的工作标准苛求，而不按现实情境考虑是否应该留有弹性或余地。

追求完美其实是一种普遍的心态，也不能说是错误的。但凡事有个度，如果追求完美过于僵硬、不懂得变通，就成了完美主义者。

完美主义者通常有以下的特征：

1. 对自己要求苛刻

因为你的内向和高标准，一件做得很出色的事情，也不能令你满意，且常归咎于自己，因而你常常自惭形秽。

2. 对他人要求严格，挑剔，不留情面

如果完美主义者是一个老板的话，他绝对是一个难伺候的老板。他在挑剔自己的同时，也会让周围的下属感到一种压力，因为他对下属的要求必定也十分严格。

3. 善于发现问题

完美主义者更容易注意到一些小的细节的问题，并力求改进。他们喜欢寻根问底，不会只满足于看到事物的表象，能发现别人发现不了的问题，并能找到根本的解决办法。

4. 固执己见

完美主义者容易坚持自己的标准，认为别人的标准太过宽松；他们也容易坚持自己的想法，不顾他人的意见。

5. 自律性很强、意志坚定

一旦预见到将来的结果，就会一丝不苟、心无旁骛地去做。他们有长远目标，也只喜欢做与长远密切相关的事。

6. 控制欲望强，喜欢发号施令

完美主义者希望事情都能按他所设想的走下去，达到他的目的。

追求完美在某种意义上讲是一个优秀的品质，但是如果对己、对人，对周围的一切事物都要求尽善尽美的话，就脱离了现实，容易引发心理问题。

不能原谅自己比别人差

小艾出生在一个知识分子家庭，在家中排行老大，有一个弟弟。她的妈妈是小学老师，爸爸是大学老师，家教特别严。小艾性格温顺，比较胆小，非常听父母的话，这与妈妈的性格特点很相似，她害怕爸爸的严厉，处处严格要求自己，尽量做得尽善尽美。她常常要照顾弟弟，父母要求她为弟弟做表率。当她出现失误时，爸爸会严厉批评，令其改正，以使弟弟引以为戒。所以，小艾在家是一个非常懂事听话的孩子。

在这样的环境下，小艾的学习成绩很好，业余兴趣广泛，全面发展，是人人羡慕的。然而，小艾却从不认为自己是优秀的，认为自己缺点很多，内心压力非常大，总是顾虑自己有什么做得不好，害怕会出什么问题。

小艾的心理是一种典型的苛求完美心理。

每个人多少都有追求完美的欲望与倾向，希望每件事都尽可能地做到完美的地步。这种倾向是人类追求自我实现与自我超越的动力源泉，促使人们为自己或某些工作设定较高的目标，并更加努力地去完成它。

但是，这种倾向若过度苛求，就会变成完美主义。对任何事都坚持高远无边的目标，不考虑自己的能力、环境的条件、他人的需要、工作可达到的限度等等，不考虑达成目标的限制，而一味地要求目标的完美无缺。如此，往往给予自己和他人许多压力与责难，不能忍受所作所为未能达到目标。也不欣赏与肯定自己及他人在努力过程中的付出，经常地责备自己与他人，充满不满与批评。

完美主义者在日常生活中通常有如下的表现：不愿冒

险，生怕任何微小的瑕疵损害了自己的形象；不能尝试任何新的东西；神经紧张得连一般工作都不能胜任；因为有些事情还不完善，寝食不安；对自己诸多苛求，毫无生活乐趣；对别人吹毛求疵，人际关系糟糕。

过度完美主义的人，除了因苛责、批评而使自己及他人感到不愉快之外，也容易因所定目标高，又怕无法完成所带来的不完美感，而不敢有所作为。如此，反而会给人一种顾虑太多、畏首畏尾的感觉。

我就是这么爱吹毛求疵

生活中，不少人喜欢吹毛求疵，对人对事，总是喜欢挑剔毛病，寻找差错，常为一些鸡毛蒜皮的小事和别人争得面红耳赤。这也就是俗话所说的“鸡蛋里挑骨头”。

吹毛求疵者的眼光总是非常狭隘、非常近视的。他们只顾眼下，不管将来；只计较细小的事情，没有远大的计划；只贪图分厘的利益，不计算万千的收入。有这样性格的人，必将使自己的精神境界局限于一个极小的范围，逐渐变得自私、冷漠、吝啬、苛刻，失去一切感情，失去一切友谊，茕茕孑立，形影相吊。

不少人为求完美而吹毛求疵、斤斤计较，结果却是降低了自己生活的质量。我们有时精神萎靡，心境恶劣，疲惫不堪，不正是由于我们过分注重一些毫无价值的小事才引起的吗？这种性格上的弱点除了自我折磨以外，并不会产生任何积极的结果。

其实，有些鸡毛蒜皮的小事，即使弄得清清楚楚，又有什么意义，完全可以撂下不管。至于有些并不太重要的事，基本了解也就可以了，更不必要钻进牛角尖，细细考证，吹毛求疵。只有对一些小事“模糊”一些，才能真正品味到生活的乐趣，也才能有充沛的精力去处理大事，进而有所发现，有所领悟。这样，心境也就自然日益变得舒畅起来。

如果你有喜欢指责自己或他人一切小错误的心理，或者被一些小事困扰而情绪恶劣，那么，专家建议你：

1. 退一步想：一件已经发生的事情，永远是无法挽回了。往事已成为历史，它并不因你的焦虑、悔恨和自我折磨而有所改变。

2. 价值观念：你吹毛求疵，是因为你把许多无足轻重的事看得太重要了。实际情况肯定并非如此。在人的一生中，真正值得重视和谨慎处理的是那些足以改变命运的事件、机遇和挫折。人没有必要处处留神，那只会增加你的负担。

3. 自我提问：“我可能遇到的最糟糕的事是什么？”这样

你会发现自己的吹毛求疵是一种可笑的心理。

4. 努力忘掉：试一试把一些你认为亟待处理的事搁置一边，努力忘掉它。一段时间以后，这件事也许果真就不那么重要了。时间的长河会淘洗掉许多生活琐事的痕迹，你如果为它付出了过多的精力，那么你的生命有很大一部分就被白白浪费掉了。

最后，你也许会惊讶地发现一个窍门：许多事我们知道就行了，不必把它常常挂在心上。

尽管有风险，还是要美容

爱美之心，人皆有之。不论是在爱情中，还是有社交中，或是在职场中，相貌俊秀、靓丽出众的外表形象，总是更容易赢得别人的关注。特别在今日，人际交往频繁、工作紧张、竞争激烈，各种机遇到处都有，可又转瞬即逝。要想抓住机遇，只有文化知识和专业技术往往力不从心，健康美丽的外在形象的作用绝不可小视。

现代医疗技术的发达，使人们通过医术整容而拥有一张美丽的面容有了可能。很多人求助于医疗美容机构来美容。然而，美容的结果，是喜还是忧呢？

美国摇滚巨星迈克尔·杰克逊恐怕无人不知。他的名气不仅来自他的摇滚事业，还来自他的疯狂整容。迈克尔·杰克逊不仅全身皮肤换成白色，在脸上也大下工夫，一心向白人的模样看齐。可怜他的鼻子，做了七次整形手术，都烂掉了，需要用耳朵上的组织来弥补。虽然与前几次相比，不再用假体而是自己的耳朵软骨组织，融合性好了许多，术后的效果也会更长久，但花了大量的精力、财力来整鼻子，却落了个烂鼻子的下场，这可能是迈克尔·杰克逊在疯狂求白、求美过程中所始料不及的。

再来看看中国第一人造美女郝璐璐，已经做了15次整形手术还不够，今日做了第16次，从下腋和后背肌肉里抽取850毫升的脂肪，以求美妙身材。

杰克逊和郝璐璐的例子，勾勒出了整形“幻丑症”的模样。不过他们只是冰山一角而已，众多普通“幻丑症”者分布在各个角落，承受着各自的“幻丑”痛苦。所谓“幻丑症”，是一种因极不自信而重复整形的心理病症。就是整形者老是对自己的五官或其他部位不满意，总是想通过整形来改变它。即使是本来已很好看的容貌，也强迫自己不接受它而去反复整容。“幻丑症”患者以30岁左右的女性居多，而“幻丑”的部位以鼻子居多。

尽管整容有风险，然而为什么仍有那么多的人孜孜不倦地寻求手术整容呢?

1. 过于寻求完美

他们不能正确地认识自己、接纳自己，没有正常的审美观。其实不错的外形和容貌，在他们眼里却总是不能接受，想借整形美容的手段来改变或是精益求精，并不惜以多次手术为代价。

2. 改变缺陷

急于改变缺陷是人们求助于美容整形的多数原因。由于先天的或其他的原因造成了身体某部位或多部位的缺陷，这些人希望通过整形来修补或改变，属于一种正常的整形心理和行为。修补好原有的缺陷，可大大地提高整形者的自信心，但次数多了也会毁容。

3. 受他人影响

受他人蛊惑或影响也是人们进行美容整形的重要原因之一。受某个所崇拜的明星影响是多数的情况，有些则是看见周围的人做过整形后变漂亮而产生羡慕，还有些则是听信朋友、恋人之言而选择手术。这些人往往缺乏主观上的思考和充分的心理准备，术后的生活并不一定感到幸福，严重的可能会陷于深深的后悔之中，形成心理问题。

期望有一张美丽的面孔，通过整形美容来达到美丽动人的目的也是正常的。但整形不比捏泥人那么简单，坏了可以重来。虽然随着技术的进步，风险已经降得很低，但失败的风险从来没有消失过，千万不要心怀侥幸心理而重复多次地冒这种风险。整形毕竟是手术，反复的手术不仅会影响身体的健康，破坏五官的正常功能，还会造成心理上的抑郁。

旧梦重温：人们为什么爱怀旧

怀旧是一种常见的心理现象。一个人适当怀旧是正常的，也是必要的。比如思念故乡、故人的怀旧，“举头望明月，低头思故乡”“月是故乡明”等等，能激发人的爱国热情；回忆过去的美好经历，可以使人心情舒畅。但是，如果因为怀旧而否认现在和将来，生活在今天，而志趣却滞留在昨日，一言一行与现实生活格格不入，就成了病态怀旧。病态怀旧心理通常是不能适应环境的表现和结果。

病态怀旧心理有很明显的症状：

1. 对现状不满。对现实抱怨、对现状不满的人，容易产生怀旧心理。他们往往借对过去的回忆来逃避现实，回避现状，并通过回忆过去的美好事物来安慰自己。

2. 沉溺于对过去的追忆。追忆持续的时间相对较长，反复出现的时间频率较高。这些人长年保存着大量的旧照片、旧服装、旧书、旧报纸，给孩子取旧时代的名字；依恋过去的友人或恋人，热衷搞同乡会、同学联谊会。有的男士女士，过去曾有过一段恋情，因故未成连理，如今已届中年，旧情萌发，开始“第二次握手”；有的人过分看重过去所取得的功绩，把所获得的奖状、勋章、奖品保存得完整无缺，时常追忆当年那辉煌的经历。相比之下，现在这荣誉的光环正逐渐在消失，心里时常有失落感。

病态怀旧心理往往是因人们追求完美的梦想破灭、对现实产生不满面造成的，而他们又不肯承认根源在于自己，而是将现实合理化、完美化，把原因和责任全推给环境或变化。但这样会造成更大的失落和不适应，继续强化怀旧心理，逐步扩大与环境、条件或事物的隔阂。

病态怀旧心理的产生有社会原因，也有主观因素。

1. 从社会原因来看

由于社会结构与阶层发生了重大变化，社会资源与利益重新分配组合，社会地位与经济利益受到冲击的那一部分人，极易产生失落感，但又无能为力，只能通过怀旧的方式来表达现实的遗憾。随着现代文明和都市的大规模崛起，原有的生活环境在无情地解体。在大城市里人们告别了四合院、胡同、里弄，但又被困在钢筋水泥的框架中。在乡村，诗篇一样的田野，不断被公路、铁路吞噬；工业污染了大地；电视使世界和人们接近，却又使人们的心灵彼此疏远。这一切都使一些人感到不适与恐惧。

2. 从主观方面来看

（1）怀旧实质上是一种对现实生活的躲避和遁逃，怀旧是一种特殊的机制。它把我们所不想回忆的痛苦和压抑隐藏了、忘却了，以至于我们自己永远不会再想起。而另一方面，它又把我们过去生活中美好的东西大大强化了、美化了，以至于人们在几次类似的回忆后把自己营造的回忆当作真实。

（2）怀旧起源于个人的失落感。失落导致回首，以寻找昔日的安宁与情调。病态的怀旧行为阻碍个体适应环境，对社会变革产生阻力。在人际交往中只能做到“不忘老朋友”，但难以做到“结识新朋友”，个人的交际圈也大大缩小。有病态怀旧行为的人很难与时代同步，这有碍于他们自身的进步与发展，应进行适当的调节。

一个人有时感到不愉快、不舒畅，对一些过去的事惋惜和悲伤，这些都是正常的现象。但总的态度都应该是积极的，想得开，放得下，朝前看，从而才能从琐事的纠缠中超脱出来。假如对生活中发生的每件事都寻根究底，去问一个为什么，那实在既无好处，又无必要，而且败坏了生活的诗意。

赶时髦：牛仔裤何以如此受青睐

不同的年代相应流行不一样的时尚，同样，按照不同的时尚也可以区分不一样的年代。自第一条牛仔裤诞生至今，牛仔裤已有过百年的历史了。由最开始为军需品，到后来变成潮流的符号，牛仔的风格由单一到多元再重新回归淳朴。

世界上第一条牛仔裤，是指Levi's 501款，至今已有109年的历史，它用改进后的柔软布料做成。此前的廿多年，犹太青年Levi Strauss用耐磨的帆布做裤子卖给来美国的淘金者穿，没想到大受欢迎，他本人也成为牛仔裤的鼻祖。1925年，英国的Lee推出世界上第一条“拉链牛仔裤”。

20世纪30年代是牛仔裤的初始流行阶段。40年代，作为军需品，牛仔裤在战场上充分发挥了其结实耐磨的优良特性。

在叛逆的50年代，Lee Cooper将女装牛仔裤拉链从侧身改至中间，在社会上引起很大反响和争议。当时好莱坞明星马龙·白兰度、梦露都喜欢穿牛仔裤，使其成为年轻人追求的目标。

轻松时髦的60年代，美国出现了“嬉皮”一族，英国街头出现了“朋克”风潮，这些玩世不恭的青年给牛仔装加入了游戏精神和叛逆色彩。服装不再单纯为了美，更为彰显个性、表达为有些颓废的自我提供了舞台。此时的Lee Cooper通过合并，成为欧洲最大的牛仔成衣制造商。

在豪放的70年代，牛仔裤文化成为主流，贵族与社会名流也将之收藏于衣柜中，不再对其有阶层的偏见。英国的安娜公主，埃及的法赫皇后，法国的蓬皮杜总统都喜穿牛仔装，更富有戏剧性的是，美国前总统卡特还身穿牛仔装参加总统竞选。70年代末，牛仔裤传入我国，成为引人注目的焦点。

80年代的特点是经济繁荣、思想活跃，牛仔裤被故意撕破，裂口、破洞、毛边成为最流行的标志。

到了返璞归真的90年代，重视环保、价值反思使牛仔裤的潮流趋向纯正、朴实。“红布边”“不石磨”“二手货”的流行，体现了世纪末牛仔装的回归与怀旧。

牛仔裤的精神是自由，这自由二字大约等同于我们概念中的“放纵”——随心所欲，我行我素，人性本真。这样的境界，可能是人人都渴望的，但未必人人都可及。可以说，到今天为止上至百万富翁，下至平民百姓，不同肤色，不同国度的人喜爱牛仔裤的势头仍方兴未艾。牛仔裤之所以能跨越不同的国家和民族，受到社会不同阶层人们的喜爱，除了有实用的特点、独具匠心的设计外，时尚这一社会心理现象也在其中起了很大的作用。

完美主义是自戴的沉重枷锁

从心理学来说，“完美主义”是对完美过分的一种极端追求。那种完善自我，健康地追求完美，并且在努力达到高标准过程中体验到快乐的人，不是完美主义者。心理学上所指的完美主义者是那些把个人的理想标准和道德标准都定得过高，不切合实际，而且带有明显的强迫倾向，要求自己去做不可能做到的事的那种人。

完美主义的人往往不愿意接受自己或他人的弱点和不足，非常挑剔。比如，你让自己保持优雅的姿态、不俗的气质、温柔的谈吐，这就是为自己定了一个过高的理想标准，而且也带有强迫的特征；你会为一个自认为不优雅的姿态就紧张焦虑，这也并不是一个健康的追求完美的正常心态。

完美主义者表面上都很自负，其实自己内心深处却是非常自卑。比如，你很少看到自己的优点，总是在关注自己的缺点，而且总是不知足，也很少肯定自己。不知足就不快乐，周围的人也一样不快乐。所以，学会欣赏别人和自己是很重要的，它是进一步实现下一个目标的基础。

在人际交往方面，为了维护自己这个完美的角色，完美主义者常常生活在一个狭小的圈子中。比如你很想可又不敢融入到群体中去，怕暴露了自己的缺点。你不敢表露自己的感情，不敢表达自己的观点和态度。你给自己制定了太多的条条框框，以完美的标准要求自己，带给自己的却只有沉重的压力和深深的自责。对于别人的褒奖，你只会感到诚惶诚恐，认为自己还差得很远。

心理学研究证明，完美主义者与他们可能获得成功的机会恰恰成反比。开始的时候，他们担心失败、辗转不安，于是妨碍了全力以赴去取得成功；遭到失败之后，他们就异常焦虑、沮丧和压抑，想尽快从失败的境遇中逃避开去，但他们并没有真正在失败中总结教训，想的只是如何避免尴尬。完美主义者背负着如此沉重的精神包袱，如何取得事业上的成功呢？而且，他们往往在家庭、人际关系等方面也很不如意。

完美的人不如有缺点的人可爱

美国心理学家阿伦森发现，一个能力非凡而又完美无缺的人的吸引力，远不如一个能力非凡但身上却有着常人的缺点的人强。这恐怕是人们认为太完美反而缺失人情味，倒不如有个性棱角、有小毛病的人更贴近人性。

人本来就是活生生的、有血有肉、有个性棱角的个体。在“四人帮”时期的文学艺术作品中，有许多“三突出”和“高大全”的人物。其实，那种十全十美、不食人间烟火的人，与现实生活严重脱节，根本就不可信，更谈不上让读者喜爱了。实际上，真正的“高、大、全”，本质上往往是“假、大、空”。

生活中有一些看起来各方面都比较完美的人。但是这样的人往往不太讨人喜欢。而讨人喜欢的，却往往是那些虽然有优点，但也有一些明显缺点的人。

为什么会这样呢？这是因为，一般人与完美无缺点的人交往时，总难免因为自己不如对方而有点自卑。如果发现精明人也和自己一样有缺点，就会减轻自己的自卑，感到安全，也就更愿意与之交往。你想，谁会愿意和那些容易让自己感到自卑的人交往呢？所以不太完美的人，更容易让人觉得可亲，可爱。

而且从另一个角度来看，世界上不可能存在真正完美、没有缺点的人。如果一个人总是表现得很完美，倒很容易让人怀疑其中有造假的成分。或者说，故意把自己表现得很完美，这本身恐怕就是一个不好的缺点。

追求完美的人，一定活得比一般人更累。而且与他们生活在一起或合作的人，也容易因为被他们要求，而活得比较累。

有一位大龄女青年，具有高等学历，容貌很漂亮，事业上也很有成就。她在方方面面都对自己要求严格，在很多人眼里，可以说是一位相当完美的人。当然她在择偶方面的标准也相当高，稍有缺点的就看不上，觉得配不上自己。她觉得婚姻是终生大事，不能马虎，宁可等着，也不能将就。结果，抱着这样的观念，一晃四十了，还是孑然一身。她自己感到很奇怪，像她条件这样好的人，为什么就不能被好男人发现呢？

其实她不知道，也许正是她的“完美”把许多男士吓着了。每个人固然希望自己的对象能具有较多的优点，可是如果这个人真的完美，却也让人受不了。首先会怕自己配不上对方；其次，因为对方要求高，你稍有缺点，他（她）就要求你改正，你肯定会活得很紧张、很累。

如果让人们选择是活得累而完美，还是活得轻松而有缺陷，恐怕大多数人会选择后者。因为我们都知道自己不是神仙，我们认可自己的缺点。

实际上，缺点和优点也要辨证地看。人是一个有机的整体，往往是因为他有这个优点，才导致他有另一个缺点。比如一个慷慨大方的人，可能也有大大咧咧，容易粗心的毛病。一个爱干净、处处完美的人，也容易显得小气和斤斤计较。很多时候，就看你选择什么，放弃什么。往往你选择一个优点，也必须放弃另一个优点。

古人说：“水至清则无鱼。”接受自己和他人的缺点，是一种实事求是，也是一种达观的表现。

追求完美，但不苛求完美

二十世纪七八十年代，在美国心理治疗界发现有这样一类求治者：他们是成功的商人、艺术家、医生、律师和社会活动家等。他们在自己的领域如鱼得水，出类拔萃，但他们的努力并未给他们带来所期待的幸福生活。

心理医生们发现这些人具有这样一些共性：他们的成功既不能给他们带来成就感，也不能带来一个完整、独立的自我感受。他们寻找心理治疗以期给自己的生活带来意义，并克服空虚感。

心理医生发现这类人的自我系统处于分离状态，一方面，当他们获得成功时，他们可以体验欢欣；另一方面，在他们的内心深处却隐藏着深层的无价值感和自卑感。正是这种匮乏导致了他们将无所不能的完美主义倾向当作护身的盔甲。他们抱怨所有的成功似乎都不能给自己带来快乐，没有人理解他们，他们也不能理解自己。他们的整个生活都在隐蔽自身不被自己接纳的那部分，通俗地说他们不能接受自身的不完美。

这些具有完美主义倾向的人，几乎全与童年的家庭教育有关。他们的父母对孩子树立的标准太高太完美，在任何时候都是贬低他们而不加赞美。于是久而久之，这些孩子也就学会了总爱找自己的过错，认为自己不配被赞扬和被尊重，并以自我挑剔和自责为习惯，甚至产生了一种自虐的“快感”。

改变这种可怕性格的方法就是当事人重新树立评价自己的标准，改掉原来那种完美的、苛刻的、倾向于全面否定的标准，树立一种合理的、宽容的、注重自我肯定和鼓励的标准。学习多赞美自己，把过去成功的事例列在纸上，坦然愉悦地接受别人的赞扬并表示感谢。

有人问一位走红的国际女影星是否觉得自己长得完美，她说：“不，我长得并不完美，我觉得正因为长相上的某些缺陷才让观众更能接受我。”能认识到自己有种种不足并能宽容待之的人，可以说是自信的，心态也是健康的。人生并非上帝为人类设计的陷阱，好让他谴责我们的失败。人生也不是一盘棋，如果走错一步那么步步皆错。人生其实就像踢足球，即使最伟大的球星也会在比赛中失误，我们的目标是努力发挥最佳水平，但不能要求自己脚脚都是妙传甚至是射门得分。

可见，醉心于追求“完美”的人，其实是不完美的。因为“完美”毕竟是抽象的，只有生活才是具体的。生活中有不少“完美”并非靠追求就能得到，相反，生活中有许多遗憾也是无法避免的。假如我们在心理上战胜了这些，我们的内心就会稳健许多，就会重新感受到生活的乐趣。

所以，你不要以为凡是自己尽心尽力去做的事，就一定会达到完美。你现在应认真思考一下，你到底需要什么？在人际关系中，你总想扮演“好人”的角色，但你应该知道其实根本不存在绝对的“好人”。请你不要压抑自己，也不要太在乎别人的言论，你要为活出自己的特色，活出自己的风格而努力。

“最完美的商品只存在于广告中，最完美的人只存在于悼词中”。完美永远是可望而不可及的，请你最好脱下虚假的外套，亮出真实的自我。当我们不再注意自己是否完美时，或许有一天我们会惊喜地发现往日渴求的完美，今天已经具备。

第九章

变态欲望——欲望彻底走火入魔了

烟瘾欲：吸烟的感觉妙不可言

苏先生刚过而立之年，却是一位老烟民了，有十多年的烟龄。他自称，从16岁开始就跟着周围的朋友们学抽烟，当时觉得抽烟的人看上去很有气质，于是就慢慢学会了，然后烟瘾越来越大。

步入社会后，他平均每天要抽掉两包烟，周末和朋友聚会时则更多。虽然家人都不赞成他抽烟，但他依然我行我素。现在，他和妻子商量好，准备生一个孩子，但医生强烈建议他戒烟，苏先生为此深感苦恼。

很明显，让苏先生苦恼的就是他的烟瘾欲。

烟瘾欲是指对烟草、尼古丁等物品的依赖，主要表现为精神依赖，会出现强烈的吸烟欲望，以吸烟作为生活的支持或乐趣，或求得心理安慰。

渴望吸烟并成瘾的原因之一是生物因素，除了尼古丁引起的快感外，遗传和性格因素也影响着人的吸烟行为，研究发现外向性格成为吸烟者的可能性为内向性格的2.5倍。另一方面社会环境文化对烟瘾的形成也起到了推波助澜的作用。

心理学家们也对烟瘾行为作了大量的探讨，有许多关于让一个人保持对香烟的依赖性的理论。一种理论认为，吸烟可以使一个人生理上或者心理上，或两方面都成瘾，随之自然是欲罢不能。“烟瘾”可分成生理的和心理的，每个烟民基本上都集两者于一身。不过，两种“瘾”的强度会因人而异，有的人以生理成瘾为主，有的人则以心理成瘾为主。前者是人们通过吸烟来获取烟草中尼古丁带给机体的生理活性；而后者是来自一种生活习惯，当然也与特定生活及社交环境相关。对生理成瘾为主的烟民来说，光凭意志力戒烟而成功的寥寥无几，因为尼古丁能使人产生严重的依赖，而且戒断症状非常严重。

尼古丁就像其他麻醉剂一样，刚开始吸食时并不适应，会引起胸闷、恶心、头晕等不适，但如果吸烟时间久了，血液中的尼古丁达到一定浓度，反复刺激大脑并使各器官产生对尼古丁的依赖性，此时就烟瘾缠身了。若停止吸烟，会暂时出现烦躁、失眠、厌食等所谓的“戒断症状”，加上很多吸烟者对烟草产生一种心理上的依赖，认为吸烟可以提神、解闷、消除疲劳等，所以烟瘾越来越大，欲罢不能。长期吸烟使身体产生对尼古丁的耐受性及随之增加的戒断症状，并形成了烟瘾。这对于抽烟者来说是一种无奈，它并非不能控制，只是很难控制。

从烟草盛行至今大约有两百多年的历史，在这两百多年里，烟草经历了被人认知、追捧到封杀三个阶段，不管是受宠还是被打入冷宫，烟草都从未停止燃烧自己。迄今为止，世界上至少已有6万项科研成果证实吸烟是健康的大敌。烟气中含有多种危害物质，吸烟不仅使本人受害，还危及他人及全社会的健康。

酒瘾欲：今朝有酒今朝醉

现代社会，饮酒已成为人们日常生活的一部分，节日喜庆、婚嫁宴请、商务洽谈都免不了饮酒；欢乐、悲伤、紧张、沮丧；聚会、应酬、消遣……人们好像都有理由和借口与酒发生一段亲密的关系。偶尔饮酒或饮酒之后间隔一段时间再饮酒的人不容易“上瘾”。如果每天与酒接触，尽管酒量不大，喝得不多，日久天长就会成瘾。

酒瘾欲是一种非要饮酒不可的强迫心理状态和欲望，可以连续或周期性出现。因想要喝酒而产生强烈需求或是强迫行为，在任何状况下，只要一开始喝酒就失去了停止喝酒的能力，饮酒后心情愉快。有固定的饮酒模式，间隔一定时间后必须饮酒，对酒的渴求越来越重。断饮就可能出现戒断综合征，戒断症状反复出现，一经饮酒，症状立即消失。

通常没有酒瘾的人很难理解为什么酒瘾患者不能用一点“小小的”意志力去戒酒。然而，酒瘾和意志力其实没什么关系。喝酒成瘾者是被强大的渴求或无法控制的需求所支配，这种需求有可能强烈到像需要食物或水一样。

“酒瘾”，在医学认为是酒精依赖和慢性酒精中毒。其形成酒瘾的原因很复杂，酒瘾的发生通常是生物学因素、心理、环境和社会文化等因素的综合结果。它们之间存在着相互联系与重叠的关系，不能截然分开。

酒瘾是一种慢性脑疾患，成瘾是由于大脑结构或神经递质的传导出现问题所致。在酒瘾病因中，社会心理因素的作用也相当重要。性别、年龄、婚姻、民族、文化程度、经济水平和职业等因素均与酒依赖相关。其中，男性是酒瘾的高危人群。婚姻不美满者受饮酒危害甚大，且饮酒量及饮酒方式不良。在文化水平上看，小学、文盲教育程度患病率最高，经济水平越低者，酒依赖症状越重。

患有酒瘾是长期反复饮酒而引起对酒渴求的一种心理状态。酒是一种麻醉剂，是新神经物质，长期饮用可产生酒依赖。一旦形成酒依赖，患者对于酒的渴求是常人很难理解的。酒瘾常导致两种结果：对个人，即使身体受损，也不能停止或减少饮酒了；对社会，即使面临家庭解体或失去工作，仍不能节制饮酒，因此，酗酒者常常陷入难以自拔的境地，对个人和社会皆造成危害。

赌瘾欲：赌场就是我的战场

赌瘾欲，指参赌者对赌博活动产生向往和追求的渴望，并产生反复从事赌博活动的强烈渴求心理，由此会出现强迫性赌博行为。病态赌博通常是从社交性赌博、频繁赌博到问题赌博逐步发展而来，最后成为赌博成瘾。

赌博成瘾表现为嗜赌如命，持续而反复地出现难以控制的赌博欲望，伴有行动前的紧张和行动后的轻松感。充满对赌博的向往和冲动，需要不断地增加赌博的次数和赌注的金额，坚信自己会赢钱。赢了时，随心所欲挥霍无度，不断地想再多获取；输了时，债台高筑，拼命地想翻本，经历着一种输赢交替的恶性循环。具体来说：

（1）沉迷于赌博，有一种难以控制的强烈赌博欲望，整天思考或想像赌博行为或有关情景。赌注逐步升级，借此追求兴奋，为了获得内心渴望的兴奋而把越来越多的钱用于赌博。

（2）不断尝试过控制赌博或停止赌博，但最终未获成功。想控制、减少或戒掉赌博，多次保证不再赌博，但是往往又没有遵守诺言，多次反复却不成功。

（3）控制赌博时出现躁动或易怒。把赌博作为摆脱问题或减弱不适情绪（如内疚、焦虑、抑郁）的方式，或当作逃避问题的一种手段。

（4）一旦在赌博中输了钱，往往不会善罢甘休，总是希望能“捞回来”。赌输后迫切等待第二天回到赌台上去翻本。一旦“报仇雪恨”的愿望落空后想要再赌翻盘。

（5）由于赌博而过度负债，并引起了严重的困难。对家人、朋友或其他人撒谎，隐瞒自己参赌的程度。用各种方式骗取钱财，借以缓解因赌博而导致的经济拮据处境。

（6）沉迷于赌博活动，从而影响了对经济、工作、社会和家庭的责任。因赌博而削弱或丧失了重要的人际关系，甚至坐失工作、教育或职业机会。

（7）为了能继续赌博而做出一些非法行为，如伪造、偷盗等，以便搞到钱来赌博。

大多数人都有过赌博经历，对绝大多数人而言，赌博只是为了消遣，对自己的工作生活不会有太大影响。但是有些人赌博成瘾，而且像吸毒那样难以摆脱，他们对赌博有一种难以控制的强烈渴望，脑子里总不断浮现赌博的想法、赌博的行为以及赌博的场面。赌瘾者放弃正当的文娱活动，对亲人漠不关心，因而常导致家庭不和，使日常工作和生活受到明显的影响。为了还赌债，他们往往铤而走险，走上犯罪的道路。

古人云：“天下之倾家者，莫速于赌，天下之败德者，莫甚于博。”对个人而言，赌博是智慧和精力的大浪费，是财富和体力的大透支；对社会而言，赌博易瓦解人的精神支柱，激起人们对金钱的强烈渴望，直接迅速地腐蚀社会风尚，甚至引发犯罪，影响社会稳定，阻碍经济发展。

赌博所带来的危害是多种多样的，所谓“赌海无边，回头是岸”，赌博成瘾者应及早意识到赌博的危害，克服和杜绝自己的赌博行为。

上网欲：可以不吃饭，不能不上网

上网欲，是对上网强烈向往和追求的渴望，是由于患者对互联网络过度依赖而导致的一组心理异常症状以及伴随的一组生理性不适，由此导致上网成瘾行为。

现代心理学研究认为，网瘾形成机理如同烟瘾、酒瘾、毒瘾一样，同样是操作条件反射形成、巩固、习惯化的过程。上网是操作过程，网上尝到的“甜头”是强化物，多次强化后，便形成了“网瘾”操作性条件反射。随着上网时间的增长，上网者大脑中的化学物质多巴胺水平升高，这种化学物质令上网者呈现短时间的高度兴奋，沉溺于网络的虚拟世界不能自拔，但之后的颓废感和沮丧却较前更为严重，初期只是表现为网络的精神依赖，渴望上网冲浪、玩游戏，之后就很容易发展为身体上的依赖，出现食欲不振、焦躁不安等，甚至会引发心血管疾病等各种疾患，造成人体免疫机能下降。

上网成瘾的原因是多方面的。一方面与网络传播的特点有关，网络传播的快速性、虚拟性、匿名性等使它比物理世界的人际传播更轻松。网络使用者人格中的某些缺陷，使他们更易沉迷于网络。现实生活压力过大，导致一些人沉溺于网络，在虚拟空间里寻求安慰和减压。社会形态转型时期，生活中的未知变量太多，如工作上的失落、社会交往挫折、科技进步带来的伦理难题等，压力骤增，人们迫切需要一个宣泄减压的宽松环境。另一方面成瘾者的成长环境也是导致上网成瘾的一个主要原因。对于青少年而言，如果家长过分溺爱、事事包办代替，或是放任自流，都会刺激孩子自我意识的觉醒，要求摆脱束缚、自己做主。如果父母管教孩子的意见不一致，力量等于相互抵消。尤其是当父母关系紧张、家庭不和睦时，网络世界更是逃避现实的好去处。对于大学生而言，开始适应独立生活，缺乏自制力，或者不适应新的生活环境，对网络空间新鲜事物的迷恋，都可能将他们推到网络之中。

有人将网瘾比作“潘多拉的盒子”，打开了就不知啥时能合上。现代人对网络的依赖性越来越强，很多人和网络打交道的时间越来越长。据最近的一项调查报告显示，在上网的人群中，因上网时间太长，有将近6%的人患上了所谓的“网瘾”。

上络成瘾者与赌博成瘾者非常相似，均为无成瘾物质作用下的行为冲动失控，他们上网时间失控，欲罢不能，可以不吃饭不睡觉，但是不能不上网。患者即使意识到问题的严重性，仍无法自控。

上网成瘾虽然不像真正的毒品那样会危及我们的生命，但长时间上网必然影响我们的健康：视力下降、肩背肌肉劳损、睡眠剥夺以及免疫功能变弱。当然，更为严重的是上网成瘾给学习、工作和家庭生活带来灾难。所以我们一方面要防止上网成瘾，另一方面要建立正确的网络观，正确地使用网络。

购物欲：进商场就想掏钱包

小芳今年30岁，是一位外企白领。在外企的工作压力比较大，竞争也比较激烈。尽管如此，在丈夫的大力支持下，小芳的工作表现一直受到上司的表扬，与同事们的人际关系也处得很好。但是，平时温柔善良的她，自从有一天偶尔和丈夫吵架之后，只要她走到街上就想进服装店，看到五颜六色的服装就感到那些衣服在向她招手。每当这个时候她没有一点儿犹豫，只感到购物的兴奋和快乐。而且每一次从店里出来，她常常会花掉几千元钱。她知道自己并不需要那么多衣服，也曾暗下决心控制购衣数量，但一到服装店就乐此不疲。小芳为控制不住自己的购买欲而感到深深的苦恼。小芳的行为也严重影响了她的正常工作。

小芳的行为实际上是患上了贪购症，俗称疯狂购物症。

贪购症是一种个人心理的不正常状态。患贪购症的人对商品有一种病态的占有欲，一旦进入商场或超市，面对琳琅满目的商品，经常会不假思索地掏腰包大肆购买，购买的同时会有占有的满足与快感。如果患者硬是控制自己的欲望而不去购买，就会出现心理上的焦虑不安、身体上周身不适，而且，在勉强控制一次的情况下，只会使下一次购物更疯狂。但当理智占上风时，后悔和苦恼必然伴随而来。

那些购物上瘾形成习惯而又苦于不能自拔的人，通常也被称为购物狂。他们总是在家中堆积自己用不上的所谓在商场上的战利品，或因买不起自己想要的东西而失眠，甚至可能把人生的成就感建筑在购物的行为上。如此周而复始，自然影响心情与工作。虽然目前无论是在医学上还是在心理学上都暂未能具体界定，达至何种程度才算购物狂，不过此种俗称“购物狂”的病态消费模式，可能转化成为一种“瘾”，也就是贪购症，并最终一发不可收拾。小芳无疑就是他们中间的一员。

贪购症的病因在于，患者基本上都是属于那类工作压力大、平常找不到合适方式释放压力的人，尤其是经济条件比较好的年轻女性，她们有充足的收入来供自己狂购。很多年轻女性都想通过购物的方式来振奋自己，提高自尊心，释放压力。但是，结果往往事与愿违。狂购以后，行为人心里充满了羞愧感和负疚感，以及冲动控制失调的痛苦。

这种心理转换过程包括了一系列心理机制：患者先是经过了几天或是几星期的积累，购物冲动开始聚集起来，直到通过购物，或者买很昂贵的或不是特别需要的东西，来释放这种紧张感，狂购之后，行为人才能心情比较轻松地回家。在接下来的一段时间里欲望暂时被压抑，而经过一段时间再次积累后，新的循环开始重复。患者则陷入苦不堪言的心理折磨之中，严重影响日常工作和生活。

毫无疑问，上述案例中的小芳在日常紧张工作的压力下，经过和丈夫的一次争吵的催化，选择了以购物来释放压力的做法，却让自己陷入了痛苦不堪的心理折磨中。

吸毒欲：吸毒胜似吃仙药

吸毒欲表现为渴望使用海洛因，或失去控制而过度使用海洛因，希望戒断症状能够得到缓解。吸食后可出现幻想性错觉和幻觉，有的还会出现中毒性昏睡、昏迷和恐怖性幻觉，甚至发生残暴行为。

吸毒现象近年来在我国已成为一个非常严重的社会问题，海洛因、大麻及可卡因是当今给人类带来深重灾难的世界三大毒品，其中毒害最烈的当数海洛因。鸦片制剂是从罂粟衍生出的一类药物。主要的衍生物按其强度和成瘾性递增，依次为鸦片、吗啡和海洛因，而使用最广泛的也是海洛因。

海洛因俗称“白粉”，是种高毒性的鸦片类化合物。它是毒品王国的主角。其成瘾性和毒性比吗啡强4~5倍。吸食、注射海洛因比吸食鸦片更容易使人上瘾，随着使用毒品的时间延长，需要越来越多的毒品才能产生原来的精神效应。

吸毒成瘾主要有两种原因，一种是心理性依赖，另一种是生理性依赖。心理性依赖，即吸毒的人在使用毒品的效果过了之后，因为还想要毒品造成的效果，会很想再一次吸毒。这种感觉就好像小朋友玩过一种很好玩的电动游戏后会很想要再玩一次。

生理性依赖，就是长期吸食毒品后，身体里接受毒品刺激的地方因为长期被毒品作用而产生了一些变化。当人没有吸毒后，身体上就会出现一些极不舒服的症状，这些不舒服的症状即戒断现象。在吸毒的人再次吸毒后，这些症状便会减轻甚至不见了。可是当不吸毒时，原本不舒服的感觉又再次出现，所以使吸毒者不得不再次使用毒品，这正是一般想要戒毒的人遇到的最大困难，也是戒毒时使用成瘾性低的类似药品治疗的原理，因为吸毒的人对毒品产生“耐受性”了。就是身体接受毒品刺激的地方，一直被毒品长期刺激而变得迟钝，于是就需要更大量的毒品才能让它产生反应。通常像鸦片一类的药物，就很容易让吸毒者有生理性依赖，因而需要越来越多的鸦片。所以毒品的可怕之处，就是让人上瘾，离不开毒品，而且需要越来越大量的毒品才能满足，结果造成吸毒者为了获得毒品，做出许多犯罪行为，甚至伤害自己的身体和精神，也造成别人的伤害。

社会文化因素也起到了一定的促进毒瘾作用。只有约20%的吸毒者以寻求快感为主要目的。其他的原因包括：自我治疗，缓解社会压力，寻找生命的“意义”或神秘体验。有研究显示，生活在充满压力的环境中的人更多地使用海洛因，这表明服用海洛因被当作自我治疗或减轻压力的手段。

偷窥欲：因为好奇，所以窥探

偷窥欲是一种反复出现或持续存在的窥视他人性活动或亲昵行为的欲望，通常伴随有偷窥行为。如千方百计地偷看妇女如厕、洗澡与性生活，并以此作为自己性兴奋的方式。

偷窥者一般为男性，年龄以20~40岁居多。偷窥者为了达到目的，甚至可以不顾肮脏藏身于粪窟内，或在女厕所墙上挖洞，或用反光镜从男厕所一边进行窥视。

小G在很小的时候就发现自己的身体是和小女孩们不同的，异性的差异让他对性有了一种朦胧的意识和好奇心。他不喜欢和小男孩们一起做游戏，踢球、玩玩具枪、捉迷藏等男孩们的游戏他一概不感兴趣，他只喜欢和小女孩一起玩“过家家”的游戏。

有一次，他正和一个小女孩在一起玩，小女孩突然想要撒尿，就跑到院子外边的墙根处。小G也随后跟了出去。他看到了小女孩撒尿的姿势和屁股，突然产生了一种奇怪的念头，他想伸出手去摸一摸，后来他的母亲出来把他叫了回去，才停止了念头。

回到家后，小G问妈妈：“为什么丽丽会蹲着尿尿？”但是他的母亲并没有理会他。一个偶然的机会，小G教一个小女孩站着撒尿，可是她却尿了一腿，弄湿了裤子。

渐渐地小G长大了，随着身体发育成熟，第二性征明显突出。他也明白了男女之间的性别差异，但是对性问题仍然好奇心不减。小G生性胆小，夜间不敢独自外出上厕所，就在外边先咳嗽一两声。上完厕所后，他很想知道女厕所有没有人，就偷偷溜过去伸头探望一下，如果里面没有人，他就会进去转一圈。如果遇到女厕所有人，他就趁其不注意飞快地偷看一眼。

他甚至想在男女厕所之间的墙上开个小洞，以满足自己窥视的欲望。他在很小的时候就看过小女孩的屁股，现在已经长大成人了，他还想知道如果小女孩们长大了又是什么样子的呢？就这样，好奇心让他越来越情不自禁，随着这种行为的加剧，心理上也发生了巨大变化，最后从好奇到产生冲动，以致出现了不看不行的情况。

后来，小G一去厕所就控制不住自己，直到自慰满足。每当他进入男厕所时，依然想着女厕所是否有人，等上完厕所出来，路过女厕所时，他总有走进去的念头，只是现在他已经是成年人了，不能轻举妄动。

到了谈恋爱的年纪，小G一想到自己曾经的耻辱经历就感到自卑，觉得自己很龌龊，始终没有勇气去面对自己喜爱的姑娘。

故事中的小G是个比较典型的偷窥者。之所以会有这种行为产生，跟他童年的生活环境密切相关。年幼的孩子最初尚无性意识，后来发现与女孩的身体不同，再到喜欢进出女厕所，隔洞窥视，最后到难以自控、窥阴成癖，便形成了此种行为的发展原因。

偷窥的欲望一旦发展到不可自控的阶段，偷窥者就会千方百计地寻找机会来满足自己，一遇到机会就不会轻易放过。

偷窥者的行为是令人反感的，而偷窥者本人也会因自己的行为而感到自责、自卑。其实，偷窥者要想摆脱这种性变态心理，可以保持清醒头脑，必要时寻求心理医生的帮助，接受抑制性治疗措施，就可以完全转变为正常的健康人。

露阴欲：释放原始的欲望

一个夏日的夜晚，女孩小C下班回家，因为要途经一座小花园，花园里幽静漆黑，人行路两旁生长着高高大大的绿树。平时小C都是结伴而行，这一次她是只身一人，不知不觉地，她加快了脚步。

当她走到一半路程的时候，忽然听到右侧的树丛中有种奇怪的声音。等小C再往前走了3米左右，突然，从两棵树之间赫然跳出来一个黑影！小C当场吓了一跳，只听那个黑影说："小姑娘，小姑娘，你来看……"说着那黑影向前一步到了小C面前，噌的一下褪下裤子。

面对突然出现的露阴癖患者，女孩既震惊又害怕，更反感。

"变态！"小C在心里狠狠地骂道。

随后，小C面无表情地绕开露阴欲患者，一路上她的心脏因为紧张和厌恶而狂跳不已。

露阴欲，指通过向没有准备的陌生人暴露自己的生殖器，达到性唤起的目的的畸形欲望，常伴随有露阴行为。持续的露阴欲会导致露阴癖。

露阴癖通常发生在15～30岁。研究表明，大多数的露阴癖者是非常害羞、温顺、不成熟的男性，他们如果长久性压抑或者婚姻不幸福，那么露阴就是他们性满足的唯一方式。

大多数情况下，露阴癖患者是到公园、电影院、商店、街上、或花园等一些比较容易逃跑的地方寻找目标下手，通常露阴癖患者性唤起后，他们会当场或者回到家后自然地射精或用手淫的方式达到射精。

除了男露阴欲患者，也有女露阴欲患者，男女比例约为4：1。女露阴欲患者裸露的方式通常和男露阴方式不同，她们会袒露乳房。

对于露阴欲的原因，一种解释是原始欲望的释放，另一种解释是环境因素。例如说患者在小的时候曾不小心偷看到他们父母不同程度的裸露，包括一起睡觉、一起洗澡、性生活的过程等。

另外，每个人童年时也许都有过与异性或同性小伙伴相互抚摸外生殖器来满足好奇心的经历，而到了成年后，这些儿时荒唐的记忆就会被封存起来，或压在心底，但是当遇到重大精神创伤或者性压抑，一旦没法有效排解宣泄，便会不自觉地启动幼年时的方式来解脱和宣泄成年的烦恼，这也可以说是露阴癖行为产生的根本原因之一。

男露阴癖们露出他们的生殖器是为了寻求欲望和心理刺激，同时也是努力让自己相信自己还具有男子的气概。

露阴癖是最常被报警的性侵犯行为之一，这种行为如果得不到矫正，往往会让露阴癖患者走上更加严重的性犯罪道路。有研究表明，有不止10%的儿童性骚扰者和8%的强奸犯，开始的时候都是露阴癖。

虽然露阴行为不会对人造成身体上的伤害，但这种行为却令人厌恶，对儿童则会造成心理创伤。女生们遇到男露阴癖的时候该怎么办？就像故事中的小C，冷漠是最有力的回击，漠视能让露阴癖患者无法得逞。

摩擦欲：变态的零距离“亲密”

摩擦欲是指通过触摸或摩擦异性身体而获得性快感的一种性变态欲望。患者在拥挤的场所故意摩擦异性，甚至用性器官碰撞女性的身体，并伴有射精或者手淫来达到性欲望的满足。

下面来看一个摩擦癖的例子。

20岁的小默是一名大学生，长得眉清目秀，目光温和，给人的感觉就是个很乖的好学生。可是谁能想到，这样一个带有几分羞涩的大男孩竟然患有摩擦癖。

小默是家里唯一的男孩，上面有两个姐姐。小时候，由于父母工作很忙，所以小默是跟着姐姐长大的。那时他像个跟屁虫一样，姐姐们到哪里，他跟到哪里。有时候，姐姐召唤同龄的女孩子一起玩，还拿他取乐。可是年幼的小默根本不在乎这些，常常跟着姐姐们傻跑，被围绕在女孩子堆里。有时在追逐或玩耍中，那些女孩子们会无意中碰到小默的生殖器，而小默也会蹭到她们的乳房和臀部。不知道为什么，每当小默触碰到她们柔软的身体部位时，总有一种莫名其妙的感觉。

后来，小默上初中了。有一次，他和一群同学被老师叫到办公室训话。由于空间不大，同学们都是挨得很近地站着。小默被挤到一个同班女生的背后，那个女生身体很丰满，小默发现自己的下身正紧紧地贴着她的屁股，竟然又有了一种异样的舒服感觉。后来，小默经常在很狭窄的过道或拥挤的餐厅里，假装无意地用下身触碰女生的屁股，以此来享受那种特殊的舒服。如果遇到的是位丰满的女生，他还会故意地凑上前去搭话，并且让身体靠得很近。有一次，小默梦遗了，梦里他用下身顶在了那个丰满女生的屁股上，忍不住就射了出来。

上了大学后，有一次坐公交车，因为人多，车上拥挤不堪，摩肩接踵。站在小默前面的恰好是一个年轻貌美的女孩，小默发现，自己的下身再一次贴在了女孩的屁股上！因为拥挤，女孩并没有躲避。而小默趁机往前凑了凑身体，紧紧地贴近女孩的臀部，并有一种很满足的感觉。随着汽车的加速减速颠簸晃动，小默情不自禁地有节奏地摩擦着女孩浑圆的屁股，感到极度兴奋，阴茎勃起，很快就射精，那种快感从未有过。

从那以后，小默就像着了魔一样欲罢不能，总是伺机乘坐拥挤的公共汽车或参与其他热闹集会，借机挨近女性的臀部，整天沉迷于此，不能自拔。

终于，小默的摩擦癖行为被揭穿了。有一次他由于过度兴奋，竟然把精液射到了一个女孩的衣服上，那个女孩发现后，怒骂了一句“臭流氓”，随后是一记清脆的耳光。车上的乘客明白过来后，小默感到无地自容。

有摩擦欲的患者通常在拥挤场合进行，如商场、电影院、公共汽车上等公共场合，也称挤恋。患者进行摩擦的部位多为异性的生殖器区，也有以手或肘及其他部位作为主要摩擦部位的，受害者被触摸摩擦的部位多为手臂、乳房、臀部、会阴部及腿部等地方。大多数情况下是隔衣进行接触摩擦。同时在摩擦行为中有性高潮出现，即射精。

有关摩擦欲发生的原因，普遍认为有以下两点：

一方面是畸形性欲望。大多数摩擦欲患者在成长阶段性心理发育受阻，导致畸形性心理和欲望，通过与异性身体摩擦接触来获得性快感。

一方面是家庭因素。许多摩擦欲患者在童年时代生活在性封闭的传统家庭环境里，有着性压抑的经历。或者生长在单亲家庭，因长辈婚姻不幸，使得患者自小性情孤僻，拒绝与女孩交往，反感性生活。

第十章

善待欲望——让欲望成为你的天使

欲望越膨胀，痛苦就越大

现实生活中，为什么一些人活得轻松自在，而另一些人前进的脚步却越来越重？因为前者具有良好的心理素质，不会被欲望玩弄，懂得什么才是自己内心最需要的东西；而后者只会被自己的欲望束缚，得到一样东西就绝不罢手，这样他们身上的包袱只会越来越重，前进自然会越来越艰难。

一直以来，欲望的过度膨胀都是人类痛苦与烦恼的根源。欲望越膨胀，人的痛苦就会越大。心理学家这样描述欲望与苦乐之间的关系：一个口袋里没有钱、心里也没有钱的人不会痛苦；一个口袋里没有钱，但心里却满是钱的人最痛苦；而一个口袋里有钱，但心里没有钱的人最快乐。这句话说明了一个道理：人类的痛苦来源于“舍不得”，口袋里没有钱、心中无欲的人不会“舍不得”；口袋里没有钱却充满欲望的人因为“得不到”而痛苦；而口袋里有钱、心中却无欲的人会“舍得”，所以很快乐。

因此，“舍不得”来源于欲望的失控，人们要想活得轻松，就要掌控人性中的欲望。

人类生活在这样的社会中，为了生存有一些欲望是很正常的。同时，适度的欲望也是一种积极的表现。适度的欲望甚至是人类进步的动力，如果一个人一点欲望也没有，他的人生也不会成功。但是如果欲望过于膨胀，超越了底线，就会让人的心理背负枷锁，让人的心灵失去自由。而要获得心灵的自由，就要学会舍得，舍弃过多的欲望。“舍得”的智慧就是对人类欲望的适度控制。

传说当年佛祖释迦牟尼是为了寻找人类痛苦的根源而修行成佛的，他在菩提树下冥思苦想了6年，然后找出了人类痛苦的根源：欲望。而佛教哲学中，“舍得”的智慧也为人类找到了解决痛苦的方法。人们生活在无休止的欲望之中，从某种角度来说，活着就是对这些欲望进行控制，控制不好就会身败名裂，而控制欲望的智慧就是“舍得”，学会在纷繁杂乱的事物中取舍、取量。

为什么彩票中奖者过得不幸福

如果翻开历年体彩或是福彩的中奖档案很容易就可以看到，在那些中得500万大奖的获奖者身上，都有着令人辛酸的经历。这从我国的中奖者领奖一事上就可以看出——他们都是戴着面具去领奖的，而他们这样做是害怕自己会遭遇抢劫。

据一项不完全统计得知，有超过90%的中大奖者都在中奖后过得并不幸福。虽然中奖后他们的生活得到了很大改善，但是却要因此而面对那些前来借钱的亲朋的纠缠。不借吧，都是至亲好友，借了吧，几乎极少有人会还。因为在那些借钱者看来，他们借来的钱是“天上掉的馅饼”。所以，不少人在中了500万大奖后选择了一夜之间人去楼空。他们这样做的目的，一是不想被借钱大军纠缠；二是不愿成为那些不法之徒的“目标”。由此看来，从他们获得巨大财富的那天开始，并不是幸福来敲门了，而是从此不得安宁了。

如果再回过头来看一看那些中得大奖者当初买彩票时的生活和心态就更可以看到，但凡中大奖者多是忠实的票友，很多人为了买彩票几乎花光了自己所有的积蓄，更有甚者为了买彩票弄得家破人亡，妻离子散。因此，从这个角度来看，这些人之所以后来高中了500万大奖，也完全是他们通过自身的努力和坚持换回来的，事实上和那些坚守自己事业的人，从本质上来讲是完全相同的，他们都是由于自身对财富有着较强的欲望，并通过自身不懈的实践最终修成了正果。但如果抛开中奖后因这看似天外飞来的财富给自身带来的“借钱风波”，他们获得财富后其实并没有获得他们最初想象的那种幸福——有的中奖者可能迁到外地过着富翁式的生活，看似逍遥实则他们却并不能够平静地生活，因为他们如今有身价了，害怕被人知道，所以他们不仅心里始终会提心吊胆，还会因此而交不到真心的朋友。此外还有的会继续沉迷于彩票，最终会将这巨额奖金打了水漂。

因此，一个人要想获得真正的幸福，就必须学会如何来控制自我的欲望，当欲望变得过空过大时，就要学会及时发现欲望的征兆，给自己内心的欲望降降温，这样就不会像那些买彩票者一样，由于内心对财富的欲望过大而弄得妻离子散，甚至家破人亡。显然，这不仅害了自己，同时也毁了自己的家庭。由此而言，人们应适时降低自己的欲望。人们只有拥有适度的欲望，才能生活得幸福。

为什么财富增加了，幸福感反而会下降

目前，很多人为了获得幸福而拼命地赚钱，并为自己没有成为百万富翁或者千万富翁而感到遗憾。然而，财富真的能够让人获得幸福吗？对此，美国著名心理学家伯尔赫斯·弗雷德里克·斯金纳表示，虽然财富能够让人获得更好的物质条件，让人们活得更加舒适，但是，这并不代表着财富能够让人获得幸福。

在现实生活中，虽然很多人拥有不菲的财富，但他们并不

比那些普通人或者说没有拥有大量财富的人幸福，反而随着他们财富的增多，他们心中对金钱的欲望更加强烈，于是他们便想方设法地增加自己的金钱，使自己成为了金钱的奴隶。这样的人又谈何幸福呢？

对此，不少经济学家也和伯尔赫斯·弗雷德里克·斯金纳持相似的意见。他们认为，根据边际效益递减效应，当人们最基本的生理需求（如衣食住行）得到满足后，此后的每一元的增长都不会增加人们的幸福感。比如，二战之后的日本百业待兴，人民生活在一片水深火热之中，可以说，当时人民的生活水平十分低。而到了20世纪80年代之后，日本人民的人均收入像做了火箭一样迅速飙升，人均收入一下子翻了4番，而日本这个弹丸之国也因此从战后的一个穷困国家步入到了最富裕的工业化国家之列。然而，尽管日本人民的生活水平提高了，收入也有了很大程度的提高，他们的生活中有了洗衣机、电视机、照相机，甚至汽车等，但是，这些财富并没有给日本人民带来多少幸福感。不少的日本人为了满足自己的欲望，让生活变得更舒适，同时也让自己的收入得到大幅度的提高，于是他们整日劳累奔波。因此，他们整天活在奔忙与压力之中，又谈何幸福呢？由此看来，幸福与人们拥有多少财富并没有多大的关联，它主要和人们对欲望的渴求程度有关。当人们对于欲望的渴求尤为强烈时，尤其是对于金钱的欲望，他们就会不满足于目前的生活。这样一来，他们就会产生不满、攀比、抱怨等负面情绪，这样自然感受不到幸福。但是，当人们对于自己内心的欲望并没有那么强烈时，他们对于目前的生活状态就会感到知足，而这样就不会产生消极的情绪，就会怀抱着积极的心理去面对生活，自然就能够感受到生活中的幸福。

所以，有钱不一定幸福，财富与幸福并没有什么直接的关联，而会随着人们对财富的欲望的增加，人的幸福感反而会随之下降。因此，人们若想要过得幸福，就要抛弃那些沉重的欲望，对于目前所拥有的一切要知足，这样才能与幸福携手同行。

全身瘫痪的霍金为何活得幸福

欲望的产生、发展以及人们对待欲望的方式与人们的心态有很大的关系。心态是指一个人的精神状态和一个人对社会以及周围事物所持的态度。具体地说，心态就是人们对自我、对他人、对社会、对事情的看法和观点，是人们对家庭、对朋友、对同事、对事业以及工作等方面所持的态度和观点。

心态也是个人价值观、世界观以及人生观的集中体现，它对一个人的思想、情感、欲望等有着决定性的影响。欲望是个人对某种事物的渴求心理，它和心态相辅相成，互为因果。心态不好的人，在欲望不能得到及时满足时往往会拒绝接受现实，产生各种不良情绪和心理，甚至激发自身各种不切实际的欲望，从而使自己被欲望驱使而做出不恰当的举动，但即便是欲望已经获得满足，这类人也很难体会到欲望满足的幸福感。相反，心态良好的人，不但能够坦然面对自己的得失，在欲望获得满足的时候不会产生过度的兴奋，对欲望并未获得满足的现实，他们也一定会及时调整自己的心态，不会因为欲望而迷失自己。欲望过多的人心态肯定不会平和，而欲望如果少一些，人们就很容易平和自己的心态。可以说，心态是欲望的晴雨表，也是欲望的调和剂。要想克制欲望，人们不妨从调整心态开始，用平和的心态来缓和高涨的欲望。

有一次，学术报告接近尾声的时候，一位年轻女记者向在轮椅里生活了三十多年的科学巨匠霍金提问道：“霍金先生，由于卢伽雷病，您的余生只能固定在轮椅上，您不认为命运让您失去了太多的东西吗？”

这个突兀而尖锐的问题虽使报告厅瞬间鸦雀无声，但霍金的脸庞却始终挂着充满恬静的微笑，他用还能活动的手指艰难地叩击键盘，通过合成器发出标准伦敦英语口音。与此同时，宽大的投影屏上缓慢而醒目地出现了几行文字：“我的手指还能活动，我的大脑还能思考，我有终生追求的理想，我有爱我和我爱的亲人和朋友；对了，我还有一颗感恩的心……”

霍金的遭遇在常人看来正如那位年轻女记者所言，是命运让他失去得太多，而霍金并没有将目光着眼于自己已经失去的健康等问题，而是投注在自己所拥有的活动的手指，健全的大脑，以及自己为之奋斗的理想上面，投注拥有的关爱以及爱人之心、感恩之心上，从这个角度考虑，他的确已经拥有很多东西，也应该庆幸他没有失去更多，正是这样一种良好的心态，使得他能够专注于自己的事业和研究，取得了举世瞩目的成就，而如果他只关注自己失去的东西，恐怕也就会变成顾影自怜、怨天尤人、牢骚满腹的可怜虫了，那样的他，只会因为失去的东西而激发起不切实际的欲望，并陷入欲望的痛苦中，又怎能有机会获得成功，怎能有机会获得世人对他的认可和尊重呢？

心态是决定欲望多少的重要因素，良好的心态可以降低人们的欲望，而心态不好，反而容易激发人们心中不合理的欲望。因此，要想给欲望降温，不妨从心态入手，通过树立良好的心态来避免人们心中不合理欲望的产生。要想树立良好的心态，人们可以采取变换看问题角度的方式，从积极的方面来看待问题，这样，人们即便遇到不好的事情，也会因为看到问题的积极一面，而变得心态平和，不会产生过激心理和过激欲望。

存肢效应：绕过欲望陷阱

人们对已经失去的人或事物在心理上依然会保持一种存在感与支配欲。倘若一个健全的人突然断了一条腿，那么在很长一段时间内，在面对那空落的位置时，他的心理都依然具有一种存在感与支配欲。这种现象被称为“存肢效应”。

生活中，人们总会受“存肢效应”的控制，放不下很多东西，而有些人之所以活得身心疲惫，就是因为他们放不下那些根本不属于自己的东西。

“存肢效应”告诉人们，要时刻提醒自己认识主观欲望的危害性，要时刻约束自己，并尽可能地认清自己“不甘心”的欲望，避免受欲望的束缚。无论如何，在充满欲望的人生中，人们要学会防患于未然，绕过“欲望陷阱”。这就需要人们做到如下几点：

第一，人们要学会从不同的角度来分析问题。在做决策的时候，要看看还有没有其他的选择，不要一味地依赖自己的第一个念头。

第二，在向别人寻求建议前，首先要进行充分分析，有一个明确的思绪，不要完全被他人的意见所左右。

第三，集思广益。人们要学会“头脑风暴”，寻求不同的方法，运用他人的智慧来弥补个人的思维缺陷，打破原有的模式框架。

第四，不要限制他人的思维。在向他人叙述问题时，不要掺杂个人的观念与倾向。

第五，要审查自己是否对各种信息给予了同等的重视，避免自己只接受符合自己欲念的信息。

第六，学会朝与自己观念相反的方向去思考，或者找一个与自己意见不同的人，进行一次辩论。

第七，审视自己的动机，判断自己是否在客观地做出选择。

第八，改变自己能改变的，放弃自己不能改变的。

另外，心理专家还给人们提出这样的建议：面对已经失去的人或物时，面对过多欲望的纠缠，首先要尽量摆脱它们对自己的影响。如果不能改变心境、摆脱烦恼时，不妨去大自然中走一走，广阔的天地有助于一个人转变思维，让自己的胸变得宽阔、开朗起来。

延迟满足：抑制欲望的“魔鬼”

心理学中有一个专业术语叫做“延迟满足”，它是指一种为了获得更有价值的长远结果，而甘愿抵制诱惑，放弃即时满足的抉择取向。延迟满足体现的是人们良好的自我控制能力。这种自我控制能力，是个体在缺乏外界监督的情况下，适当约束、调节自己的行为，克制冲动、抵制诱惑、延迟满足以及坚持不懈、不折不扣向既定目标作出努力的一种综合能力。它是个体在完成各种任务、协调人际关系以及成功适应社会过程中必须具备的条件。

延迟满足，其实就是人们通常所说的忍耐，它要求人们暂时克制自己的欲望，抵制近在咫尺的诱惑，从而追求更大的目标，获得更大的享受。延迟满足，要求人们克服眼前的困境，为了长远利益而抵制诱惑而进行不懈的努力。

即刻得到的满足和人们的情绪中枢有密切关系，而延迟满足，则是由抽象推理能力所控制。换而言之，即时性质的满足可以带来实实在在的快感，而延迟满足，则需要人们具备较强的自我控制能力。延迟满足，是心理成熟，理智思考的表现。

在日常生活中，很多人习惯将不喜欢做的事情放置在一边，只选择完成自己喜欢的事情，但当做完这些事情，个人已经精疲力竭的时候，就会发现那些原本被搁置在一边的事情已经变得难上加难，并且没有一丝一毫的期待感了。而这些人，其实和先吃了棉花糖的人具有一样的性质，都是只关注即刻满足而缺乏自制力的人。不过，这种人通过培养，也一样能够做到延迟满足。

就拿做事情来说，最好的办法是将最喜欢的事情延后处理，而优先解决那些最不愿意做的事情。在处理不喜欢做的事情的时候，可以给自己一些积极的心理暗示，或者为自己完成任务设置小奖励等，从而减少对这件事情的排斥心理。另外，为了分散一下自己对这件事情的厌恶，也可以收听一些音乐或者喝上一杯自己喜爱的咖啡。除了处理不喜欢做的事情，人们也可以将这些方法运用到购买贵重物品等问题上。比如，一个人在制定了攒钱买好车的计划之后，就可以用这些方法来克制自己花钱的欲望。

具体说来，在平时出去逛街的时候，尽量不要将信用卡揣在兜里，出门只带少量的零用钱，每次一拿到工资，只余日常生活费用，将大部分都存成定期，这样，就能够大大减少花钱的几率，久而久之，就能够积攒下一笔可观的费用，实现自己买一部好车的愿望。相反，如果在设定了买好车的目标后，虽然制定了每月定额存储的计划，但结果每次都会因为这样那样的事情而使计划落空，要么买件华丽的衣服，要么买双打折的皮鞋，要么为电子产品大出血，要么又为旅游签下消费单……

人们的欲望是无穷无尽的，如果不懂得克制，不培养延迟满足的习惯，那么，购买好车的计划只能一拖再拖，甚至只能将其当作一个遥不可及的梦了。

延迟满足欲望，不是说让人们拒绝享受美好的人生，恰恰相反，它是帮助人们在短期欲望和长期收获之间获得一种平衡，使人们能够理性掌控自己的生活，而不至于因为过多的，不断膨胀的欲望而将自己的生活弄得混乱不堪。因此，要想免于被过分的欲望所累，人们可以尝试培养延迟满足的习惯，通过学习延迟满足，通过提升自我控制能力，来把握好自己的生活，把握好自己的人生。

放下欲望，让幸福来敲门

生活在红尘中的人们，都希望自己能够得到幸福。而不少人认为，假如自己拥有了更多的权力、金钱、名誉等，幸福就会如期到来。所以，这些人马不停蹄地行走在追求幸福的欲望之路上。然而，在追求幸福的道路上，这些人却发现，尽管他们已经得到了权力、金钱、名誉等，但他们依然没有感觉到幸福，反而与幸福渐行渐远。

针对这种情况，心理学家表示，幸福与人们拥有的身外之物并不成正比。也就是说，并不是人们拥有的身外之物越多，人们就越能感觉到幸福。相反，人们拥有的身外之物越多，反而会觉得身上的包袱越来越重，以致自己有些喘不过气来，这样人们当然感觉不到幸福。而如果人们能够扔下身上的包袱，轻步前行，一路欣赏沿途的美景，幸福自然就会随之而来。所以，人们要想得到幸福，就要学会放弃，扔下欲望的包袱，轻步前行。

放下，是一种智慧，是一种豪气，是更深层面的进取。我们有时之所以举步维艰，是因为欲望太多，背负太重；之所以背负太重，是因为还不会放下欲望。欲望常常微笑着置人于死地。诗人泰戈尔说：当鸟翼系上黄金时，就飞不远了。学会放下，才能卸下欲望的沉重包袱，轻装上阵，迎接生活的转机，度过风风雨雨；懂得放下，才拥有一份成熟，才会更加充实、坦然和轻松。

有一句流行语：当你紧握双手，里面什么也没有，当你打开双手，世界就在你手中。很多时候我们都应该懂得放下，生活中鱼和熊掌都能兼得的时候很少，每一次放下是为了下一次得到更多的回报。

不是拥有更多的财富就一定会让人感受到幸福，真正的幸福是懂得满足，放下应该放下的欲望，这样既可以感受到生活的美好，也避免了被欲望牵着鼻子走，做出令自己无法回头的事情。

如果一个人每天都为名利得失而担惊受怕，为金钱财富而烦恼不休，为地位权势而争逐伤神，那么他的内心就失去了安宁。这样一来，又何谈幸福呢？所以说，人要想收获幸福，就要放下心底的欲望，让自己的内心归于安宁。

有一首经典老歌《我的心没有结局》，歌词最后几句是这样的："原来人生必须要学会放弃，答案不可预期；原来结果最后才能看得清，来来回回何必在意。"美国著名心理学家欧内斯特·希尔加德也告诫人们："人们只有放下欲望，才能拥抱幸福。"的确如此，放下对金钱的欲望，不再为欲望而劳苦奔波，你才能感受到生活中的幸福。